好温暖的纯手工长围巾

李意芳　著

中国纺织出版社

目录 Contents

粉莓

编织方法
见第049页

❷
枫

编织方法
见第050页

❸
欢乐

编织方法
见第051页

❹
情话

编织方法
见第052页

5

豆蔻

编织方法
见第053页

菜花姑娘

编织方法
见第054页

9

克里斯汀娜

编织方法
见第058页

暗香

编织方法
见第059页

⑪
格言
编织方法
见第060页

⑫
菁华
编织方法
见第061页

13

雪果

编织方法
见第062页

14

对言

编织方法
见第063页

15

轮

编织方法
见第064页

16

恋人

编织方法
见第065页

18

红

编织方法
见第067页

19

千千之语

编织方法
见第068页

⑳ 城市夕阳

编织方法
见第069页

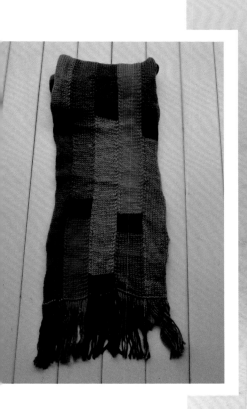

23

庆新春

编织方法
见第072页

红叶

编织方法
见第073页

25
雪与梅的对白

编织方法
见第074页

林中一隅

编织方法
见第075页

那日花海

编织方法
见第076页

28

紫阳花开

编织方法
见第077页

30
流年

编织方法
见第079页

会跳舞的山药

**编织方法
见第085页**

37

城中人

编织方法
见第087页

39
小凤
编织方法
见第090页

40

嗨

编织方法
见第092页

青花

编织方法
见第093页

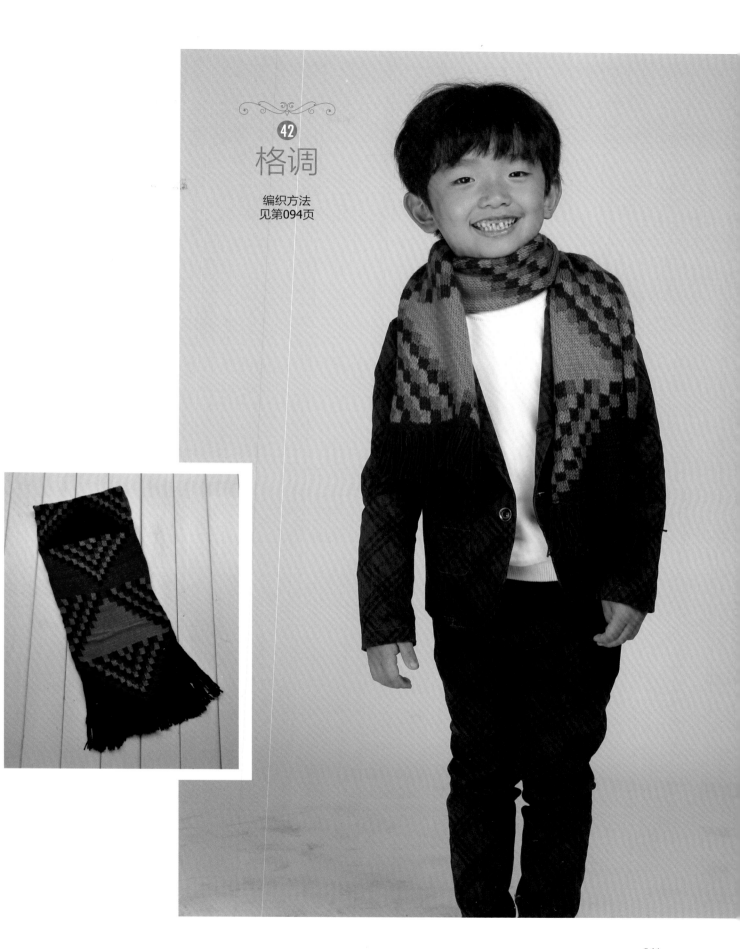

42

格调

编织方法
见第094页

43
华丽

编织方法
见第095页

秘密

编织方法
见第096页

45
罗拉

编织方法
见第097页

46

收获

编织方法
见第098页

47

网

编织方法
见第099页

48
剪花

编织方法
见第100页

编织方法
见第102页

49

欢乐的鱼

名叫汤姆的小伙

编织方法
见第103页

花样编织

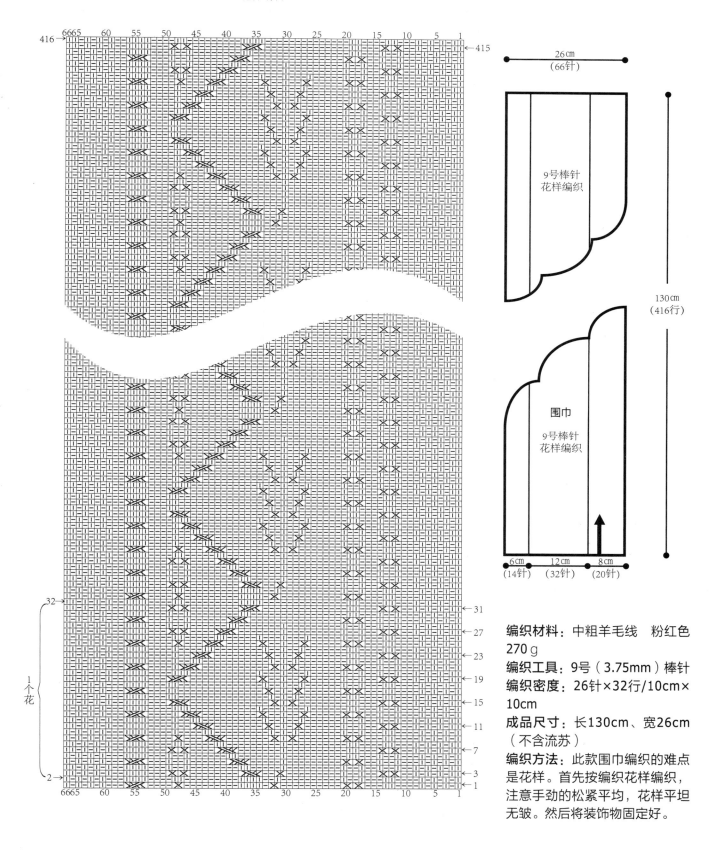

编织材料：中粗羊毛线　粉红色 270 g

编织工具：9号（3.75mm）棒针

编织密度：26针×32行/10cm×10cm

成品尺寸：长130cm、宽26cm（不含流苏）

编织方法：此款围巾编织的难点是花样。首先按编织花样编织，注意手劲的松紧平均，花样平坦无皱。然后将装饰物固定好。

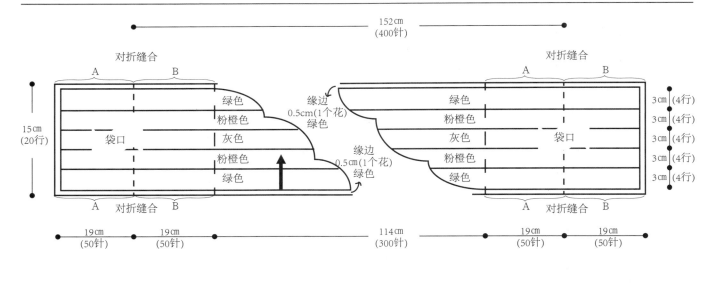

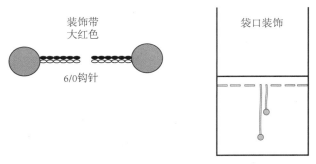

花样编织

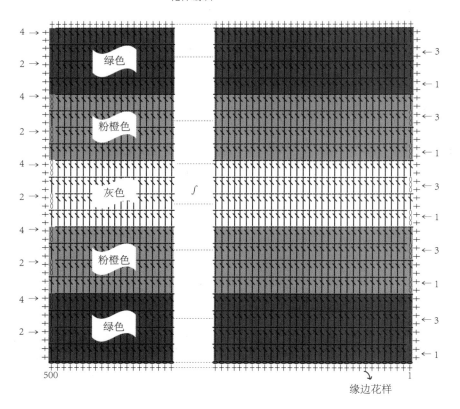

编织材料：细羊毛线 绿色84g、粉橙色64g、灰色35g，中粗羊毛线大红色25g

编织工具：4/0(1.8mm)钩针、6/0（2.5mm）钩针

编织密度：26针×13行/10cm×10cm

成品尺寸：长152cm、宽15cm

编织方法：此款围巾编织的难点是花样，由于是横向编织的长度较长，所以要求手劲松紧要均匀、花样平坦。首先按照色线的规律编织围巾，接着编织缘边花样。再分别将两端的袋口缝合，跟着将装饰带穿好。最后将装饰物固定好。

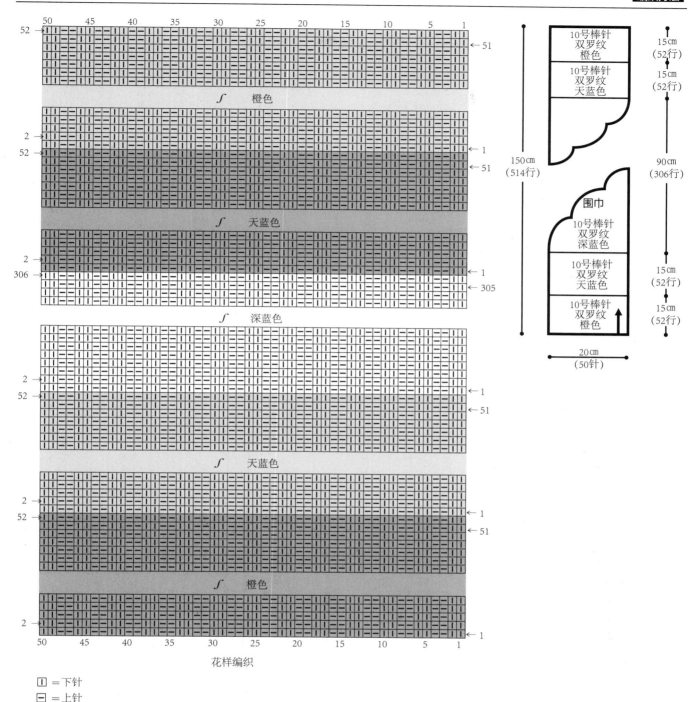

花样编织

□ ＝下针
□ ＝上针

编织材料：中细羊毛线　深蓝色99ｇ、橙色36ｇ、天蓝色36ｇ
编织工具：10号（3.25mm）棒针
编织密度：25针×34行/10cm×10cm
成品尺寸：长150cm、宽20cm
编织方法：此款围巾编织的难点是花样，注意花样平坦、无皱。首先用橙色起针向上编织至合适高度，接着换天蓝色再继续往上编织至合适高度，再换深蓝色编织至合适高度。换天蓝色向上编织至等同颜色的高度，再换橙色编织至等同颜色的高度。

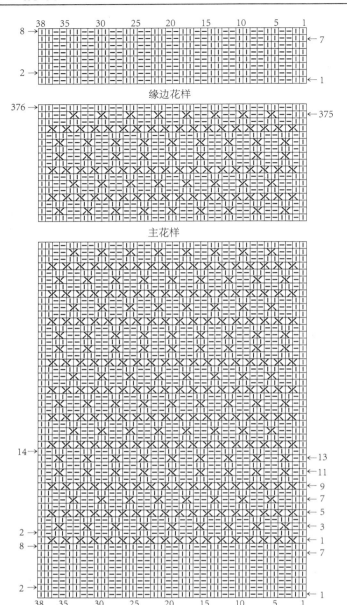

缘边花样

主花样

14→
13←
11←
9←
7←
5←
3←
1←
7←
2→
8→
2→
1←

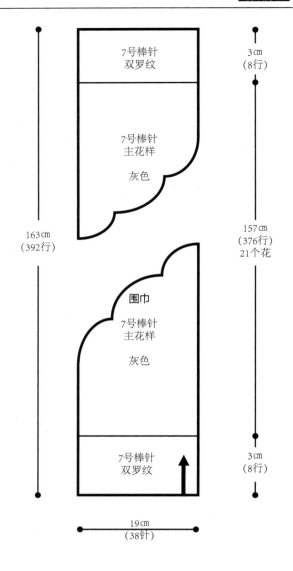

<table>
<tr><td>7号棒针
双罗纹</td><td>3cm
（8行）</td></tr>
<tr><td>7号棒针
主花样

灰色</td><td rowspan="2">163cm
（392行）　157cm
（376行）
21个花</td></tr>
<tr><td>围巾
7号棒针
主花样

灰色</td></tr>
<tr><td>7号棒针
双罗纹</td><td>3cm
（8行）</td></tr>
</table>

19cm
（38针）

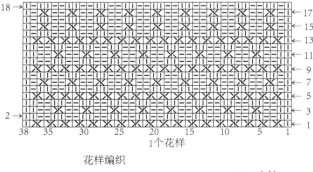

1个花样

花样编织

□＝上针
□＝下针

编织材料：中粗羊毛线　灰色235g
编织工具：7号（4.5mm）棒针
编织密度：20针×24行/10cm×10cm
成品尺寸：长163cm、宽19cm
编织方法：此款围巾编织的难点是花样，由于变针比较频繁要注意花样变化的规律。首先编织缘边花样，接着编织主花样最后再编织缘边花样。

花样编织

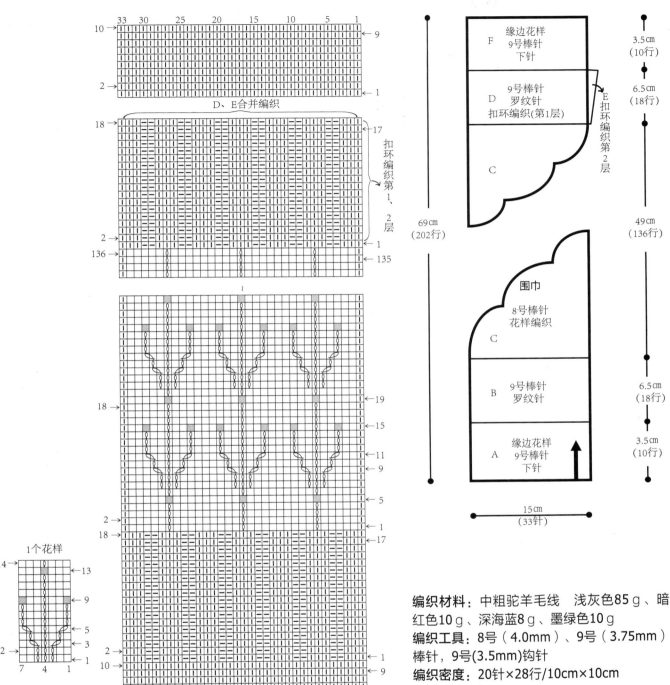

1个花样

编织材料：中粗驼羊毛线　浅灰色85ｇ、暗红色10ｇ、深海蓝8ｇ、墨绿色10ｇ

编织工具：8号（4.0mm）、9号（3.75mm）棒针，9号(3.5mm)钩针

编织密度：20针×28行/10cm×10cm

成品尺寸：长69cm、宽15cm

编织方法：A. 起下针编织缘边10行。

B. 编织18行罗纹针花样。

C. 编织136行主体花样。

D. 编织18行罗纹针(单面)。

E. 从D花样起始行挑出相同针数编织18行，然后将正面的1针与底面的1针合并编织形成扣环。

F. 最后下针编织缘边收尾。

编织材料：中粗羊毛线　深灰色60ｇ、灰白色79ｇ、橙色30ｇ、黄色20ｇ、绿色20ｇ

编织工具：8号（4.0mm）棒针、9号(3.5mm)钩针

编织密度：21针×26行/10cm×10cm

成品尺寸：下摆宽51cm、高34cm、领口围51cm

编织方法：此款围巾编织的难点是花样。图案可以用色线编织也可以针绣。首先分别编织好前下摆(A)、后下摆(B)，绣上花样(C)后，将前、后下摆缝合。缝合时注意开缝和缝合的位置。接着环形挑起足够针数向上编织(D)，注意减针的规律。跟着编织好领口(E)，最后钩编前、后下摆缘边(F)。

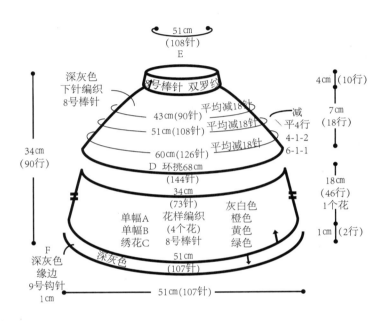

缘边花样　　　　　　花芯黄色
1cm（1个花）　　　　8枚

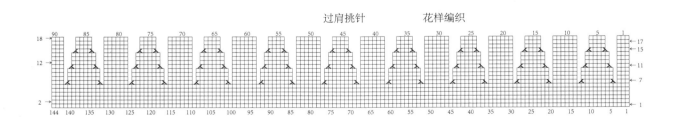

过肩挑针　　　　　花样编织

后下摆

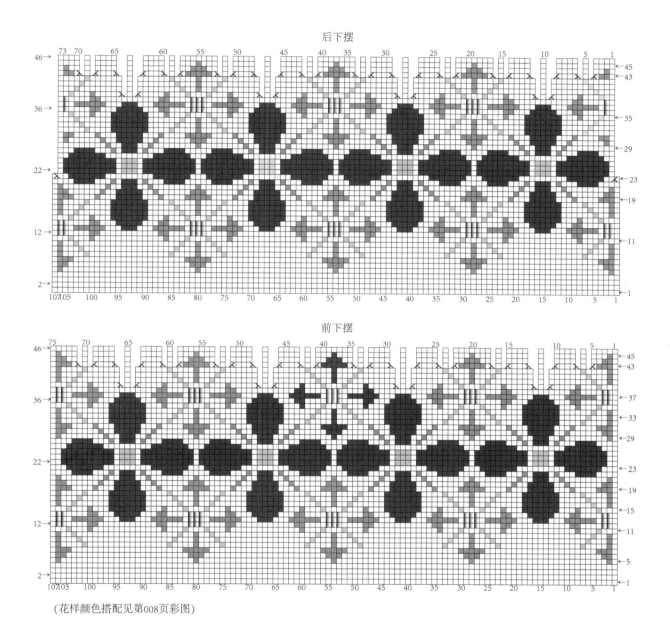

前下摆

（花样颜色搭配见第008页彩图）

编织材料：中粗羊毛线　雪青色157ɡ、土黄色8ɡ、肉粉色90ɡ

编织工具：7号（4.5mm）棒针

编织密度：19针×21行/10cm×10cm

成品尺寸：长145cm、宽20cm

编织方法：此款围巾编织的难点是开袋口及袋片缝合。首先用肉粉色起针编织花样编织1至合适高度开袋口，注意花样平坦、无皱。接着换土黄色继续编织花样2至合适高度，换雪青色继续编织花样编织3至合适长度。跟着换土黄色编织花样编织2，再换肉粉色编织及开袋口。最后编织围巾并将其与袋片缝合，并将装饰物固定好。

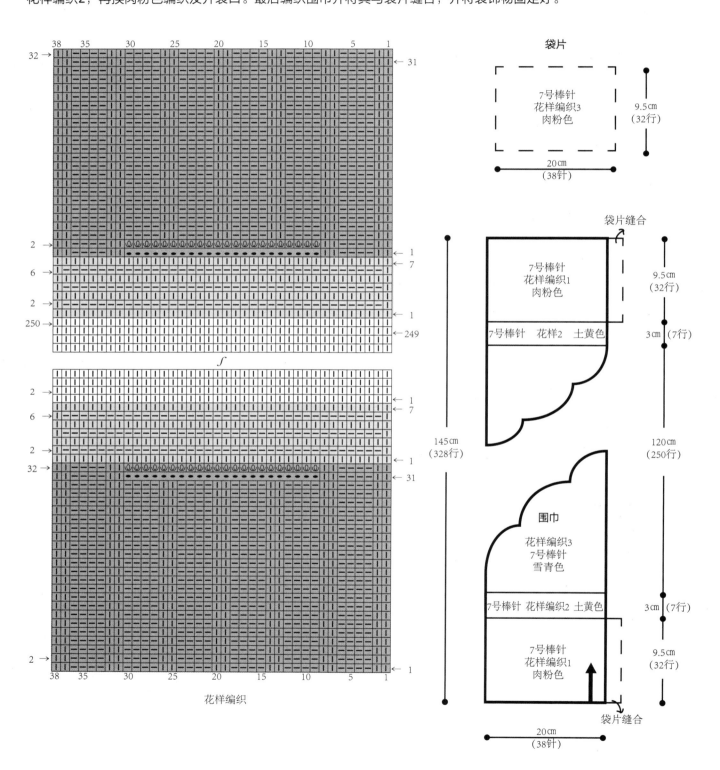

花样编织

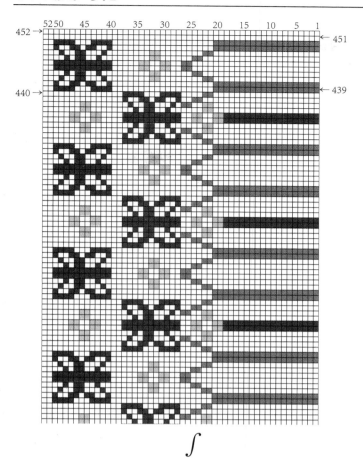

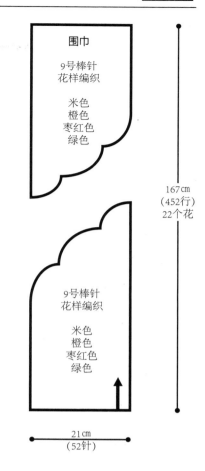

围巾

9号棒针
花样编织

米色
橙色
枣红色
绿色

167cm
（452行）
22个花

9号棒针
花样编织

米色
橙色
枣红色
绿色

21cm
（52针）

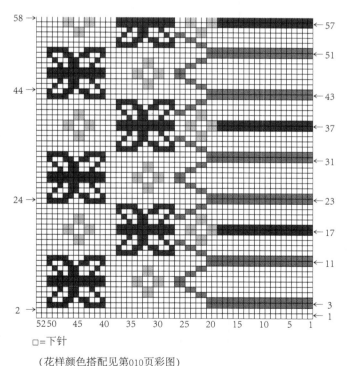

□=下针

（花样颜色搭配见第010页彩图）

编织材料： 中细羊毛线　米色　135g、枣红色
30g、橙色10g、绿色20g
编织工具： 9号（3.75mm）棒针
编织密度： 25针×27行/10cm×10cm
成品尺寸： 长167cm、宽21cm
编织方法： 此款围巾编织的难点是花样。首先编织前要决定好色线的纵横编织走向，建议分线编织。接着按图样编织至需要长度，由于色线变换比较频繁，要注意色线变化的规律及渡线均匀。

1个花样

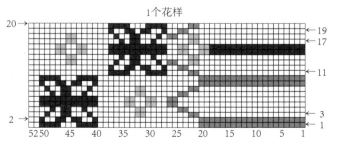

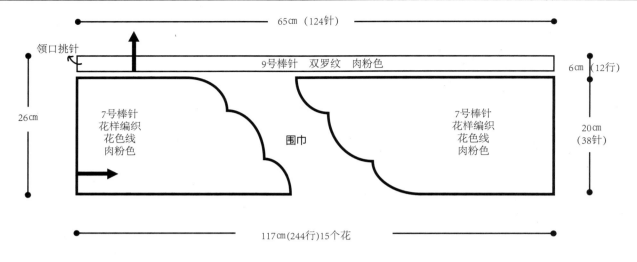

花样编织

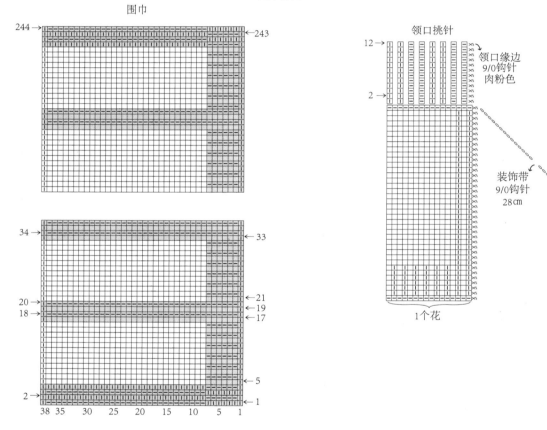

编织材料：中粗羊毛线　花线140ɡ、肉粉色80ɡ
编织工具：7号（4.5mm）、9号（3.75mm）棒针，9/0（3.5mm）钩针
编织密度：19针×21行/10cm×10cm
成品尺寸：高26cm、宽117cm
编织方法：此款围巾编织的难点是领口挑针，注意手劲的松紧适当。首先编织围巾至合适长度，注意色线、花样
变换及手劲松紧。接着挑织领口缘边，注意花样、色线的变换及手劲松紧适当。

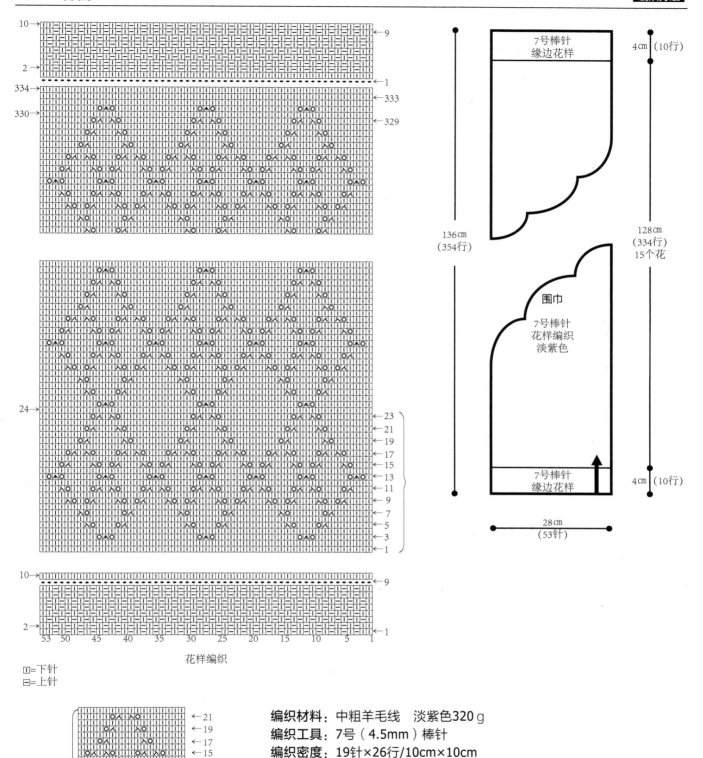

□=下针
曰=上针

22行/1个花

17针/1个花

编织材料：中粗羊毛线　淡紫色320 g
编织工具：7号（4.5mm）棒针
编织密度：19针×26行/10cm×10cm
成品尺寸：长136cm、宽28cm（不含流苏）
编织方法：此款围巾编织的难点是花样，要注意花样变化的规律及手劲松紧适当。首先编织缘边花样，接着编织主花样，注意手劲松紧及花样变化的规律。再接着编织缘边花样，最后将流苏固定好。

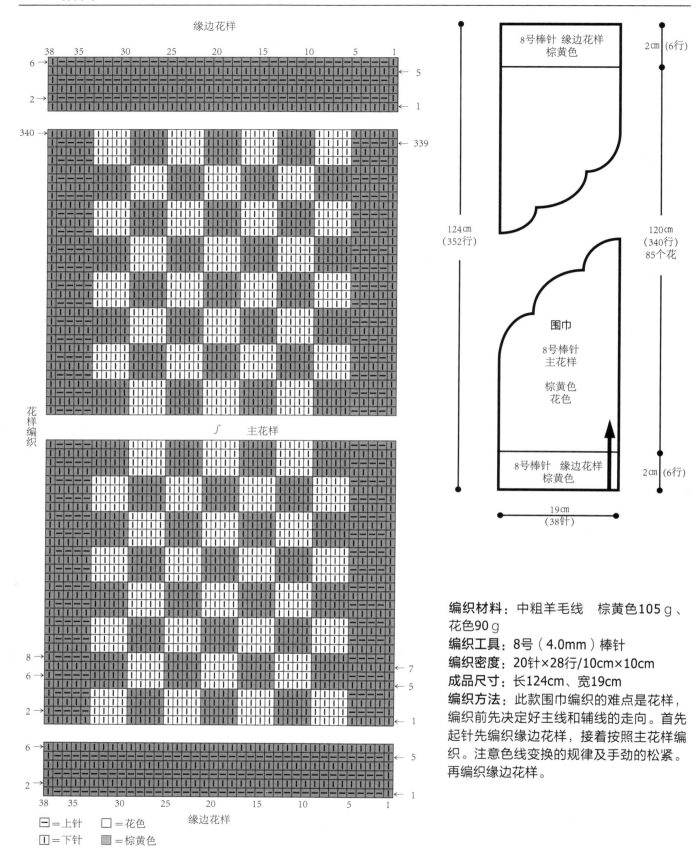

缘边花样

主花样

缘边花样

□ = 上针　□ = 花色
□ = 下针　■ = 棕黄色

8号棒针　缘边花样　棕黄色
2cm（6行）

124cm（352行）

120cm（340行）85个花

围巾
8号棒针
主花样
棕黄色
花色

8号棒针　缘边花样　棕黄色
2cm（6行）

19cm（38针）

编织材料：中粗羊毛线　棕黄色105 g、花色90 g

编织工具：8号（4.0mm）棒针

编织密度：20针×28行/10cm×10cm

成品尺寸：长124cm、宽19cm

编织方法：此款围巾编织的难点是花样，编织前先决定好主线和辅线的走向。首先起针先编织缘边花样，接着按照主花样编织。注意色线变换的规律及手劲的松紧。再编织缘边花样。

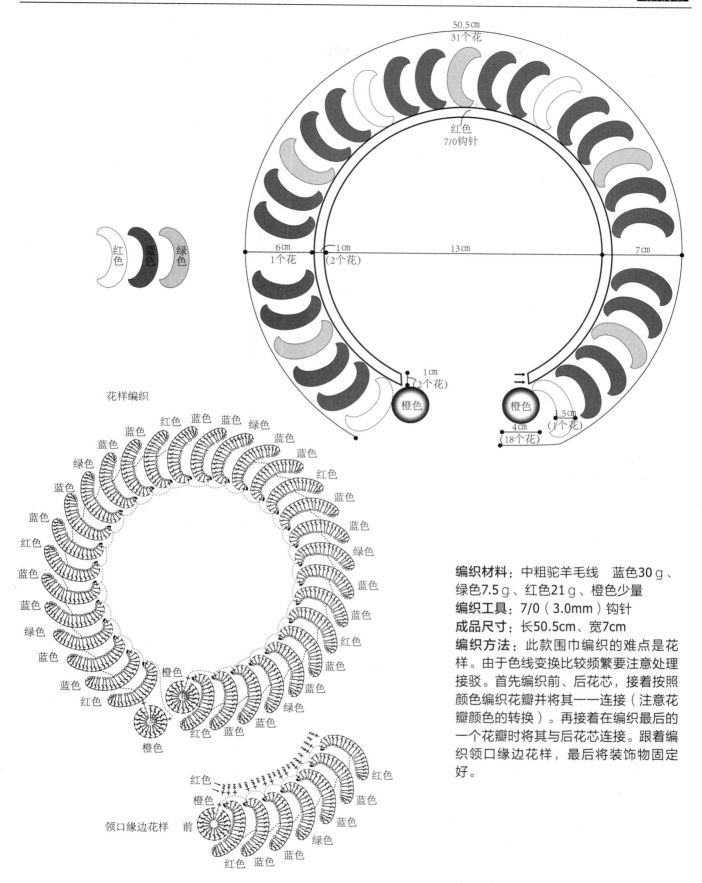

50.5cm
31个花

红色
7/0钩针

红色
蓝色
绿色

6cm
1个花

1cm
(2个花)

13cm

7cm

1cm
(2个花)

橙色

橙色

1.5cm
(1个花)

4cm
(18个花)

花样编织

红色
蓝色
蓝色
绿色
蓝色
蓝色
红色
绿色
绿色
蓝色
红色
蓝色
蓝色
红色
红色
蓝色
蓝色
绿色
绿色
蓝色
蓝色
蓝色
蓝色
蓝色
绿色
红色
蓝色
绿色
蓝色
橙色
蓝色
绿色
蓝色
红色
橙色
红色
蓝色
蓝色

领口缘边花样 前

红色
橙色
红色
蓝色
蓝色
绿色
红色
蓝色
蓝色

编织材料：中粗驼羊毛线 蓝色30ｇ、
绿色7.5ｇ、红色21ｇ、橙色少量
编织工具：7/0（3.0mm）钩针
成品尺寸：长50.5cm、宽7cm
编织方法：此款围巾编织的难点是花
样。由于色线变换比较频繁要注意处理
接驳。首先编织前、后花芯，接着按照
颜色编织花瓣并将其一一连接（注意花
瓣颜色的转换）。再接着在编织最后的
一个花瓣时将其与后花芯连接。跟着编
织领口缘边花样，最后将装饰物固定
好。

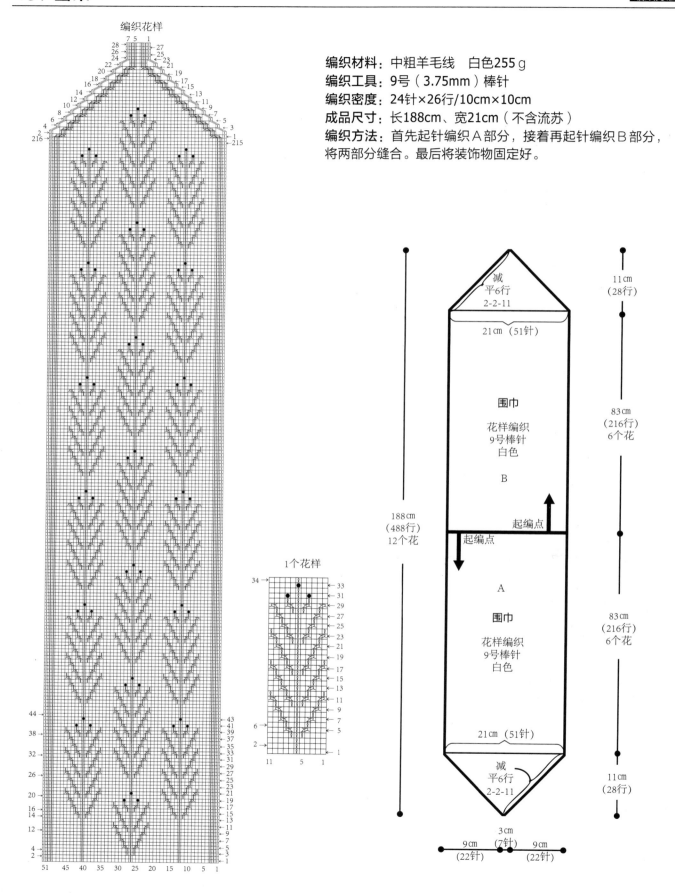

编织花样

1个花样

编织材料：中粗羊毛线　白色255 g
编织工具：9号（3.75mm）棒针
编织密度：24针×26行/10cm×10cm
成品尺寸：长188cm、宽21cm（不含流苏）
编织方法：首先起针编织A部分，接着再起针编织B部分，
将两部分缝合。最后将装饰物固定好。

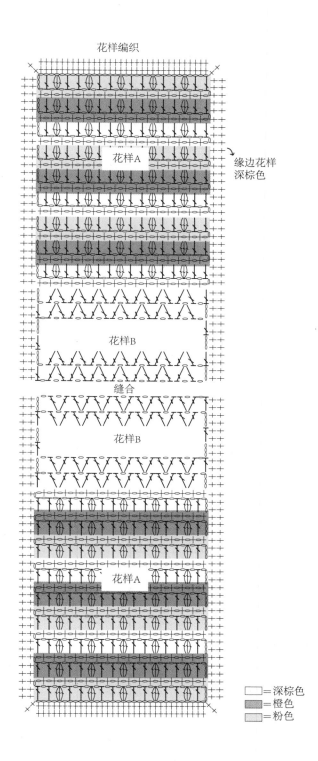

花样编织

花样A

缘边花样
深棕色

花样B

缝合

花样B

花样A

□ =深棕色
▨ =橙色
▨ =粉色

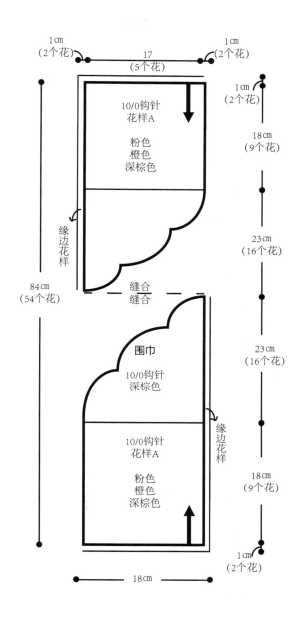

1 cm
(2个花)

17
(5个花)

1 cm
(2个花)

1 cm
(2个花)

10/0钩针
花样A

粉色
橙色
深棕色

18 cm
(9个花)

缘边花样

23 cm
(16个花)

84 cm
(54个花)

缝合
缝合

围巾

10/0钩针
深棕色

23 cm
(16个花)

10/0钩针
花样A

粉色
橙色
深棕色

缘边花样

18 cm
(9个花)

1 cm
(2个花)

18 cm

编织材料：中粗羊毛线　粉色20ｇ、橙色20ｇ、深棕色103ｇ

编织工具：10/0（4.0mm）钩针

成品尺寸：长84cm、宽18cm

编织方法：些款围巾编织的难点是花样。首先编织花样A，注意花样色线的变化规律。接着编织花样B，再编织花样A。跟着编织缘边，最后将两部分缝合。

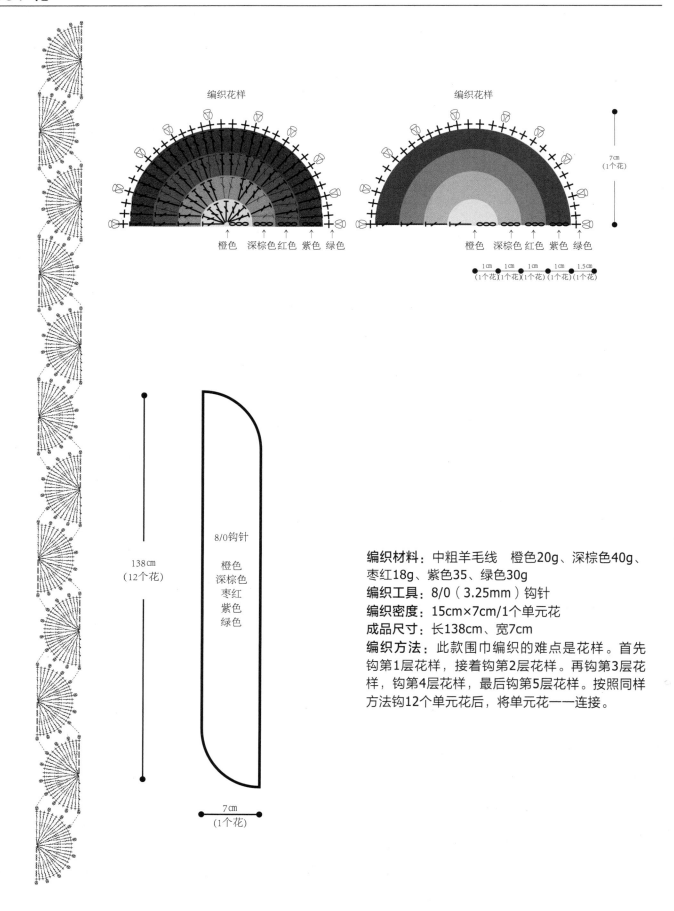

编织花样

编织花样

7cm
(1个花)

↑橙色 ↑深棕色 ↑红色 ↑紫色 ↑绿色

↑橙色 ↑深棕色 ↑红色 ↑紫色 ↑绿色

1cm 1cm 1cm 1cm 1.5cm
(1个花)(1个花)(1个花)(1个花)(1个花)

138cm
(12个花)

8/0钩针

橙色
深棕色
枣红
紫色
绿色

7cm
(1个花)

编织材料：中粗羊毛线　橙色20g、深棕色40g、枣红18g、紫色35、绿色30g
编织工具：8/0（3.25mm）钩针
编织密度：15cm×7cm/1个单元花
成品尺寸：长138cm、宽7cm
编织方法：此款围巾编织的难点是花样。首先钩第1层花样，接着钩第2层花样。再钩第3层花样，钩第4层花样，最后钩第5层花样。按照同样方法钩12个单元花后，将单元花一一连接。

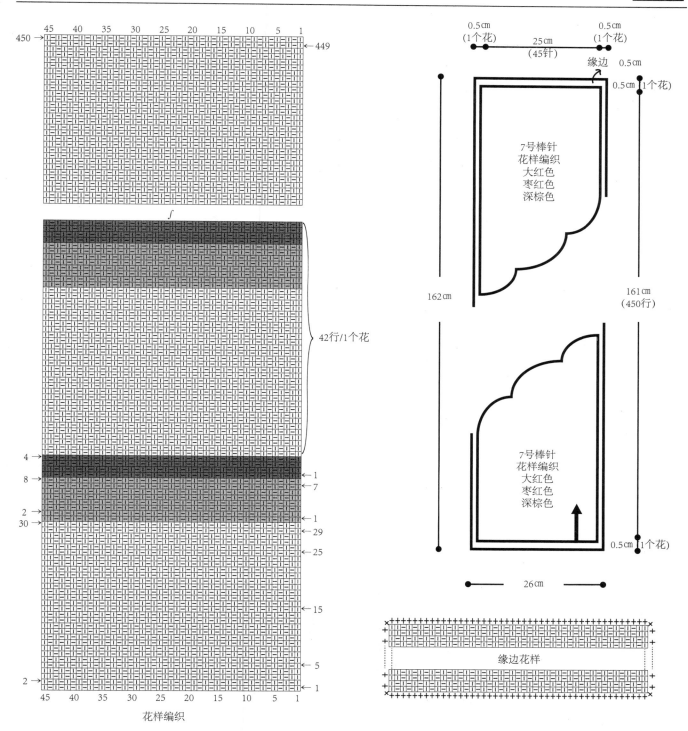

花样编织

缘边花样

编织材料：中粗羊毛线　大红色240ｇ、枣红色70ｇ、深棕色40ｇ
编织工具：7号（4.5mm）棒针、10/0（4.0mm）钩针
编织密度：18针×28行/10cm×10cm
成品尺寸：总长162cm、总宽26cm
编织方法：此款围巾编织的难点是花样，注意手劲的松紧、平均。首先用棒针编织围巾至合适长度，接着用钩针钩织缘边。注意手劲松紧适当。

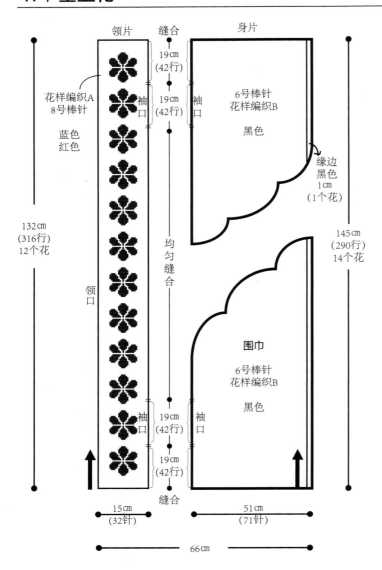

编织材料：粗羊毛线　蓝色160 g、红色15 g、黑色350 g

编织工具：6号（5.0mm）棒针、8号（4.0mm）棒针、10/0(4.0mm)钩针

编织密度：花样编织A 21针×24行/10cm×10cm、花样编织B 14针×22行/10cm×10cm

成品尺寸：领襟宽132cm、下摆宽145cm、长66cm

编织方法：此款围巾编织的难点是花样。首先编织好领片，注意花样、色线变换的规律及手劲的松紧。建议分线、分区编织。接着编织好身片，注意手劲松紧适当，花样平坦。再将领片和身片均匀缝合，注意留出袖口的位置。

下摆缘边花样

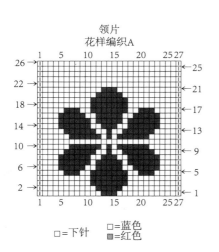

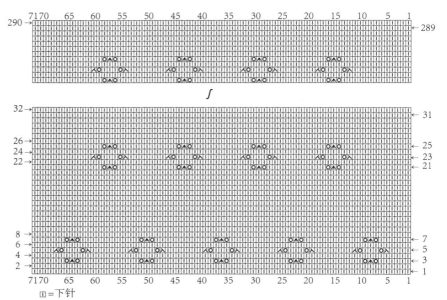

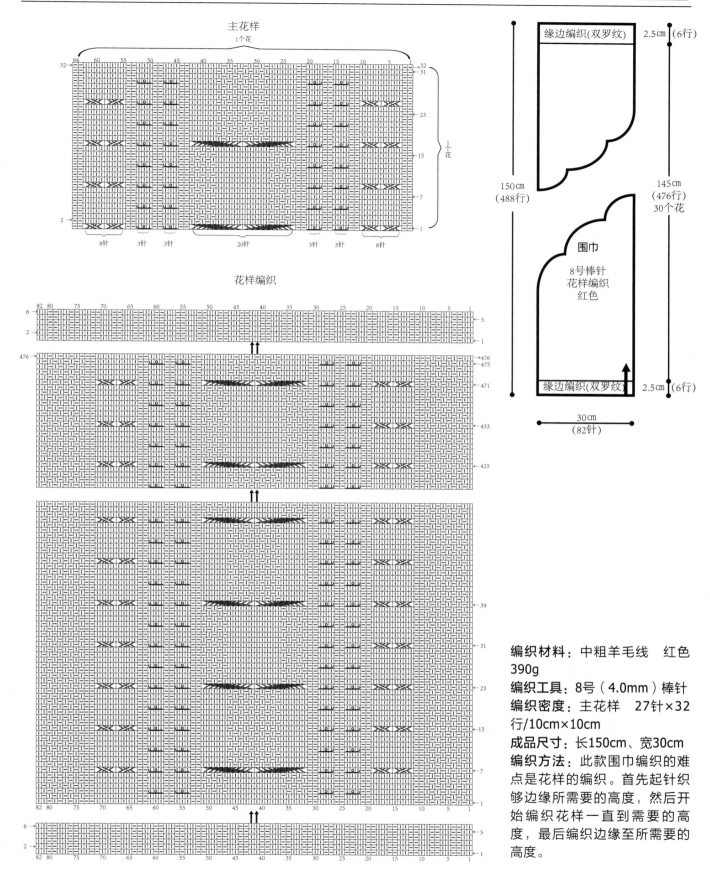

主花样

花样编织

围巾

缘边编织(双罗纹) 2.5cm (6行)

150cm
(488行)

145cm
(476行)
30个花

围巾
8号棒针
花样编织
红色

缘边编织(双罗纹) 2.5cm (6行)

30cm
(82针)

编织材料：中粗羊毛线 红色
390g

编织工具：8号（4.0mm）棒针

编织密度：主花样 27针×32
行/10cm×10cm

成品尺寸：长150cm、宽30cm

编织方法：此款围巾编织的难
点是花样的编织。首先起针织
够边缘所需要的高度，然后开
始编织花样一直到需要的高
度，最后编织边缘至所需要的
高度。

编织材料：中粗羊毛线 紫色37ｇ、深棕色135ｇ、玫红色50ｇ、白色少量

编织工具：9号（3.75mm）棒针、8/0(3.25mm)钩针

编织密度：25针×19行/10cm×10cm

成品尺寸：长89cm、宽19cm

编织方法：此款围巾编织的难点是花样。首先编织主体花样至需要高度，注意渡线的松紧及手劲的均匀。最后用钩针编织缘边。

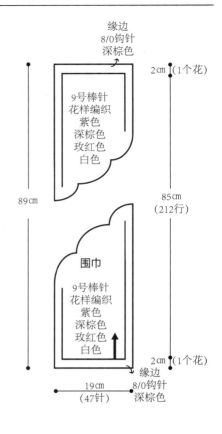

缘边
8/0钩针
深棕色

2cm（1个花）

9号棒针
花样编织
紫色
深棕色
玫红色
白色

89cm

85cm
（212行）

围巾

9号棒针
花样编织
紫色
深棕色
玫红色
白色

2cm（1个花）

缘边
8/0钩针
深棕色

19cm
（47针）

花样编织

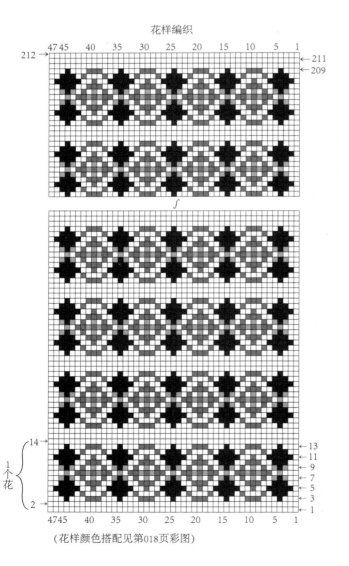

212→
47 45　40　35　30　25　20　15　10　5　1
←211
←209

∫

14→
←13
←11
←9
←7
1个花
←5
←3
2→
←1
47 45　40　35　30　25　20　15　10　5　1

（花样颜色搭配见第018页彩图）

缘边花样

∫

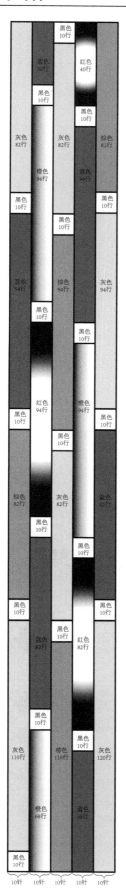

编织材料：中粗羊毛线　蓝色90ｇ、橙色55ｇ、灰色95ｇ、黑色15ｇ、红色55ｇ、棕色55ｇ

编织工具：6号（5.0mm）棒针

编织密度：16针×23行/10cm×10cm

成品尺寸：长201cm、宽31cm

编织方法：此款围巾编织的难点是花样。由于色线变换频繁，要注意颜色变换的规律。首先在编织前先决定好主线和辅线的纵横走向，接着按图表进行编织。最后将流苏固定好。

花样编织

□ =下针

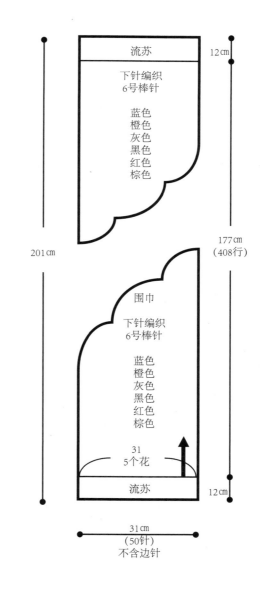

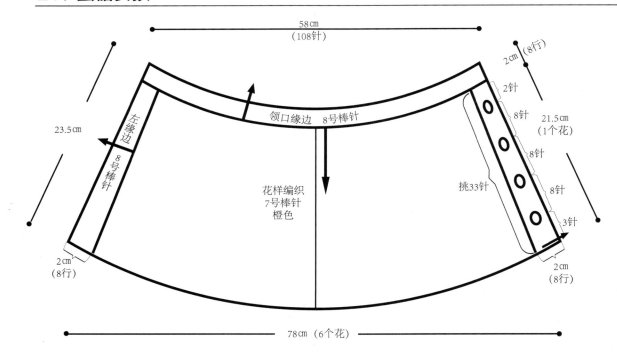

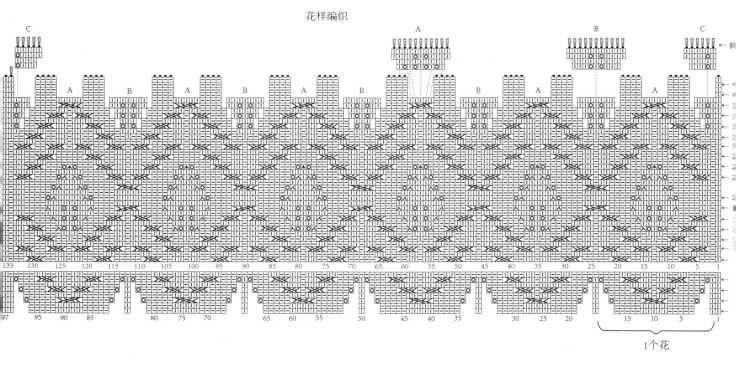

花样编织

左右缘边花样

领口缘边花样

编织材料：中粗羊毛线　橙色145 g

编织工具：7号（4.5mm）棒针、8号（4.0mm）棒针

成品尺寸：领口宽58cm、下摆宽78cm、高23.5cm

编织密度：主花样　9cm×7cm/1个花

编织方法：此款围巾的编织难点是花样，要注意手劲松紧适当，花样平坦。首先编织好主花样，接着编织左右两边的缘边，再编织下摆缘边。最后编织领口缘边。

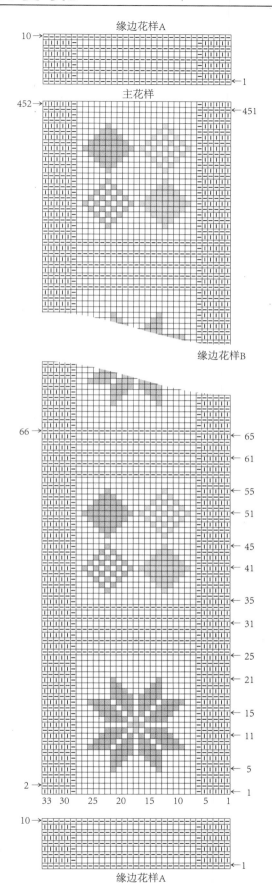

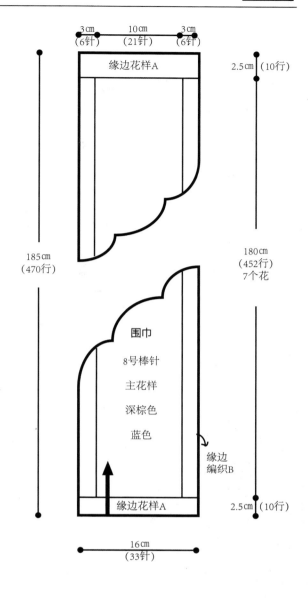

编织材料：中粗羊毛线　蓝色40g、深棕色150g
编织工具：8号（4.0mm）棒针
编织密度：主花样　21针×25行/10cm×10cm
成品尺寸：长185cm、宽16cm
编织方法：此款围巾编织的难点是花样。首先编织缘边花样A至需要长度，接着编织主花样至需要长度，最后编织缘边花样A。

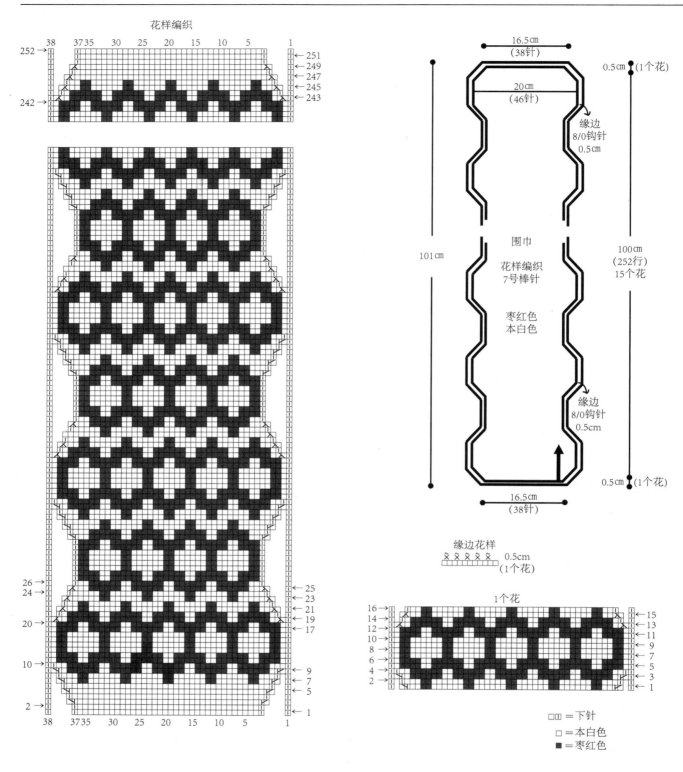

花样编织

围巾
花样编织
7号棒针
枣红色
本白色

缘边花样

1个花

□□ = 下针
□ = 本白色
■ = 枣红色

编织材料：中粗羊驼毛线　本白65 g、枣红102 g
编织工具：7号（4.5mm）棒针、8/0（3.25mm）钩针
编织密度：23针×25行/10cm×10cm
成品尺寸：长101cm、宽20cm
编织方法：此款围巾编织的难点是花样，要注意渡线的松紧适当。

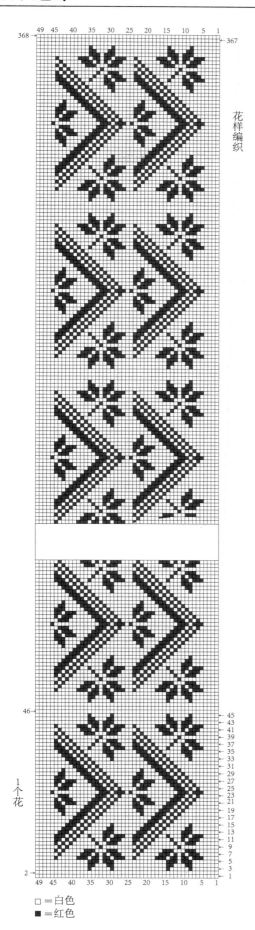

□＝白色
■＝红色

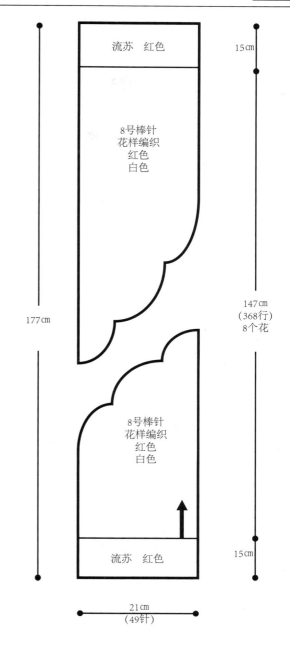

编织材料：中粗羊毛线　白色130ｇ、红色130ｇ
编织工具：8号（4.0mm）棒针
成品尺寸：总长177cm、总宽21cm
编织密度：24针×25行/10cm×10cm
编织方法：此款围巾编织的难点是花样，建议分线、分区块编织。按照编织图编织花样至需要长度，编织时注意渡线的均匀，手劲松紧适当。最后将装饰物固定好。

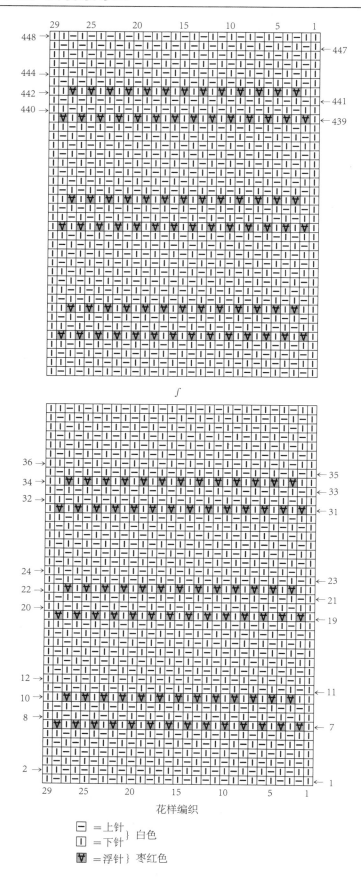

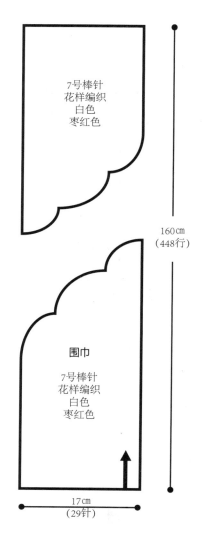

花样编织

□ = 上针 ⎫
⎬ 白色
I = 下针 ⎭

V = 浮针 ⎬ 枣红色

编织材料：中粗羊毛线　白色210 g、枣红色15 g

编织工具：7号（4.5mm）棒针

编织密度：17针×28行/10cm×10cm

成品尺寸：长160cm、宽17cm

编织方法：此款围巾编织的难点是花样，由于花样转换比较频繁，编织时要注意手劲松紧适当。另外要注意色线渡线的规律。

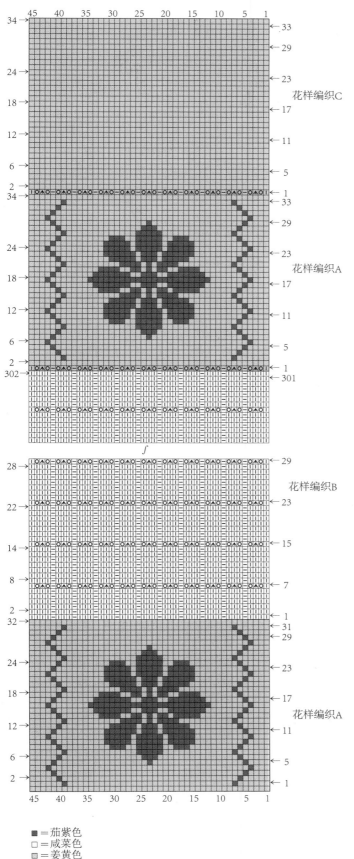

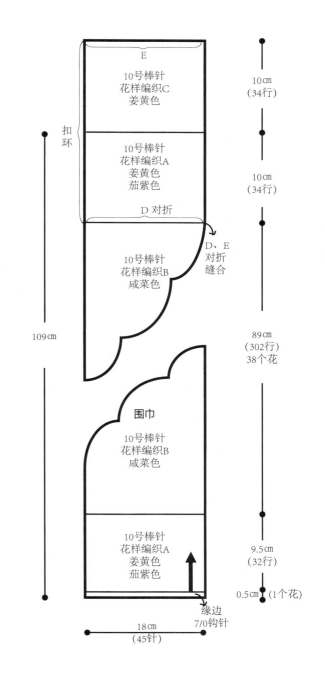

编织材料：中细羊毛线 咸菜色135 g、姜黄色15 g、茄紫色5 g

编织工具：10号（3.25mm）棒针、7/0（3.0mm）钩针

编织密度：25针×34行/10cm×10cm

成品尺寸：长109cm、宽18cm

编织方法：此款围巾编织的难点是扣环的缝合，缝合时要注意花样对齐、平坦无皱。首先编织花样A，接着编织花样B。再接着编织花样A，跟着编织花样C。最后将E处与D处一行对折缝合（注：两边不缝合）形成扣环。

花样编织C

花样编织A

花样编织B

花样编织A

■=茄紫色
□=咸菜色
▨=姜黄色

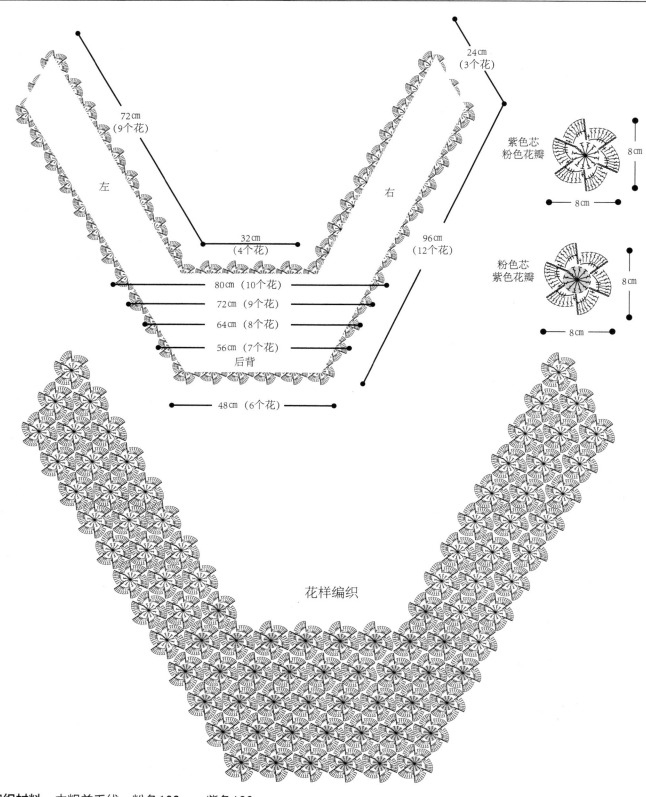

紫色芯
粉色花瓣

8cm

8cm

粉色芯
紫色花瓣

8cm

8cm

72cm
（9个花）

24cm
（3个花）

左

右

32cm
（4个花）

96cm
（12个花）

80cm（10个花）

72cm（9个花）

64cm（8个花）

56cm（7个花）

后背

48cm（6个花）

花样编织

编织材料： 中粗羊毛线　粉色100ｇ、紫色100ｇ

编织工具： 7/0（3.0mm）钩针

编织密度： 8cm×8cm/1个花

成品尺寸： 长96cm、肩背宽48cm、领宽32cm

编织方法： 此款围巾编织的难点是花样。首先把花芯按数量编织好，接着在花芯上编织花瓣并将单元花一一连接。

a、b面花样编织

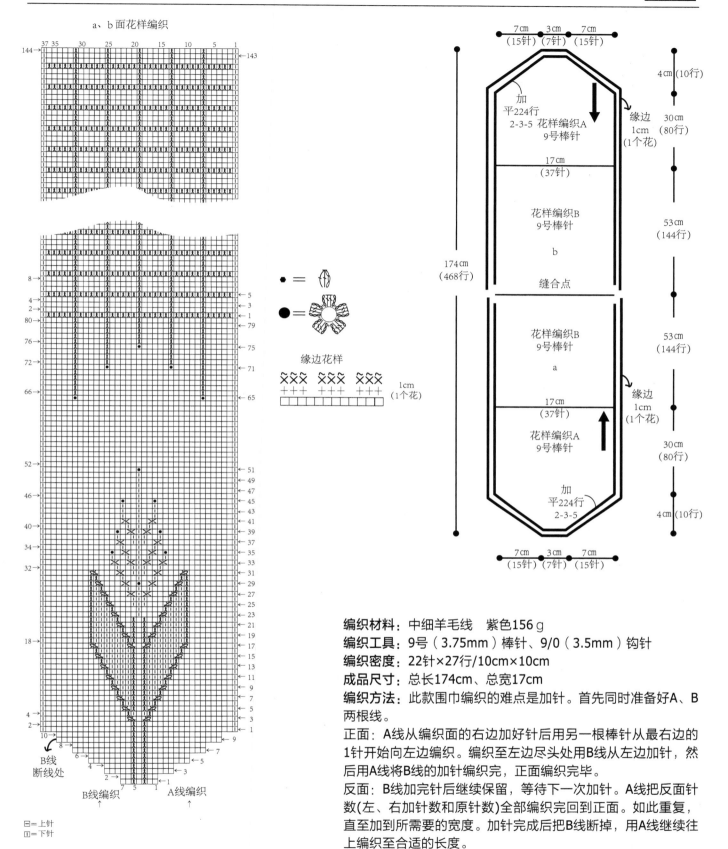

□ = 上针
□ = 下针

● = 〓
● = ✿

缘边花样
1cm
（1个花）

编织材料： 中细羊毛线　紫色156 g
编织工具： 9号（3.75mm）棒针、9/0（3.5mm）钩针
编织密度： 22针×27行/10cm×10cm
成品尺寸： 总长174cm、总宽17cm
编织方法： 此款围巾编织的难点是加针。首先同时准备好A、B
两根线。

正面：A线从编织面的右边加好针后用另一根棒针从最右边的
1针开始向左边编织。编织至左边尽头处用B线从左边加针，然
后用A线将B线的加针编织完，正面编织完毕。

反面：B线加完针后继续保留，等待下一次加针。A线把反面针
数(左、右加针数和原针数)全部编织完回到正面。如此重复，
直至加到所需要的宽度。加针完成后把B线断掉，用A线继续往
上编织至合适的长度。

另一片也是如此编织。最后将a、b两块编织片缝合，并用胸针
钩边。

（花样颜色搭配见第028页彩图）

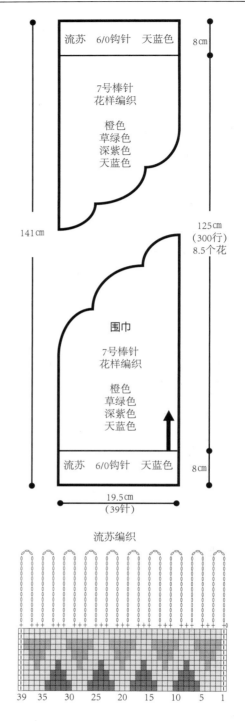

流苏编织

编织材料：中粗驼羊毛线　天蓝色61ｇ、橙色50ｇ、草绿色40ｇ、深紫色64ｇ

编织工具：7号（4.5mm）棒针，6/0号钩针

编织密度：20针×24行/10cm×10cm

成品尺寸：长141cm、宽19.5cm

编织方法：此款围巾编织的难点是花样的编织，由于色线交替比较频繁，所以要注意色线渡线规律及转换色线时手劲的松紧。首先决定好主线和辅线的运用及编织方向。接着起针编织至所需要长度。最后把装饰物固定好。

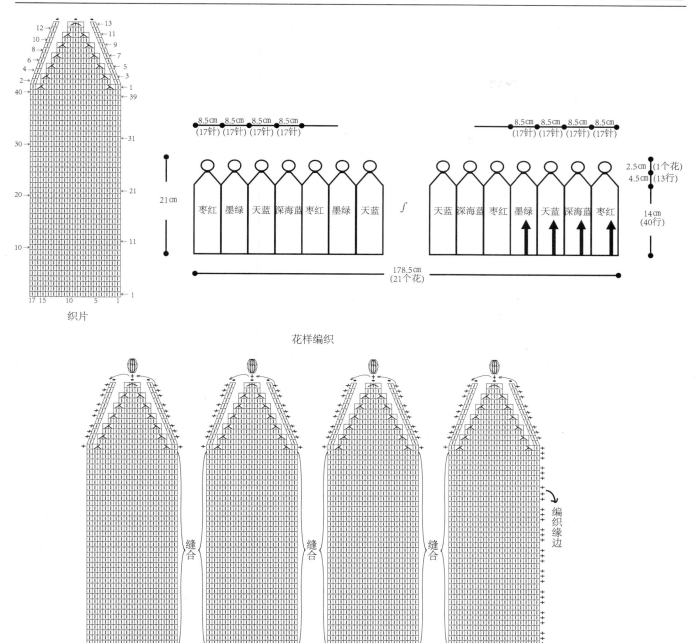

织片

花样编织

编织材料：中粗驼羊毛线　枣红色70g、深海蓝色55g、天蓝色55g、墨绿色55g

编织工具：8号（4.0mm）棒针、9/0（3.5mm）钩针

编织密度：20针×28行/10cm×10cm

成品尺寸：长178.5cm、宽21cm

编织方法：首先按颜色编织好各个织片所需要的数量，接着将各颜色片按顺序拼接好。再顺着织片的颜色编织缘边。

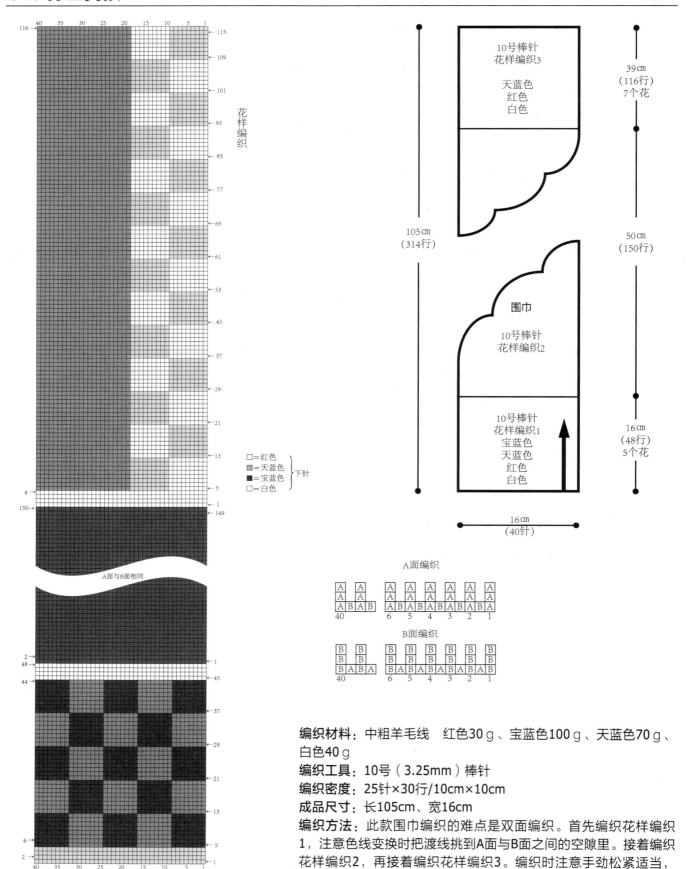

□=红色
■=天蓝色
■=宝蓝色 } 下针
□=白色

花样编织

A面与B面相同

10号棒针
花样编织3

天蓝色
红色
白色

39cm
（116行）
7个花

105cm
（314行）

50cm
（150行）

围巾

10号棒针
花样编织2

10号棒针
花样编织1
宝蓝色
天蓝色
红色
白色

16cm
（48行）
5个花

16cm
（40针）

A面编织

	A	A		A	A	A	A	A
A	A		A	A	A	A	A
A	B	A	B		A	B	A	B	A	B	A	B	A	B	A
40		6	5	4	3	2	1

B面编织

	B	B		B	B	B	B	B
B	B		B	B	B	B	B
B	A	B	A		B	A	B	A	B	A	B	A	B	A	B
40		6	5	4	3	2	1

编织材料：中粗羊毛线　红色30g、宝蓝色100g、天蓝色70g、白色40g

编织工具：10号（3.25mm）棒针

编织密度：25针×30行/10cm×10cm

成品尺寸：长105cm、宽16cm

编织方法：此款围巾编织的难点是双面编织。首先编织花样编织1，注意色线变换时把渡线挑到A面与B面之间的空隙里。接着编织花样编织2，再接着编织花样编织3。编织时注意手劲松紧适当，渡线均匀、平坦。最后用缝针将A、B面缝合。

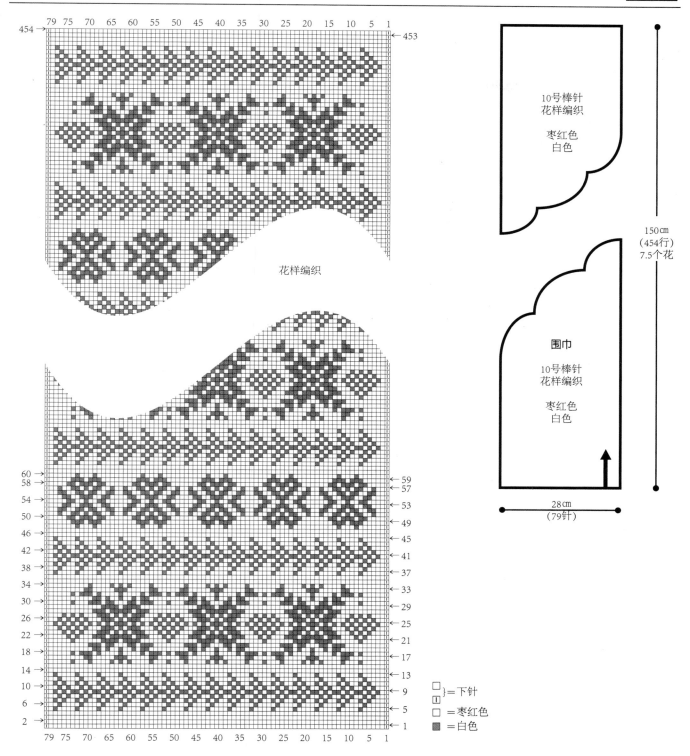

花样编织

□ }= 下针
Ⅰ}

□ = 枣红色
■ = 白色

10号棒针
花样编织

枣红色
白色

围巾

10号棒针
花样编织

枣红色
白色

150cm
（454行）
7.5个花

28cm
（79针）

编织材料：中细羊毛线　白色100ｇ、枣红色220ｇ
编织工具：10号（3.25mm）棒针
编织密度：28针×30行/10cm×10cm
成品尺寸：长150cm、宽28cm
编织方法：此款围巾编织的难点是花样。首先在编织前决定好主线和辅线，按花样色线的变换编织至需要长度，接着将围巾缝合。再分别把两端合拢，最后将装饰物固定好。

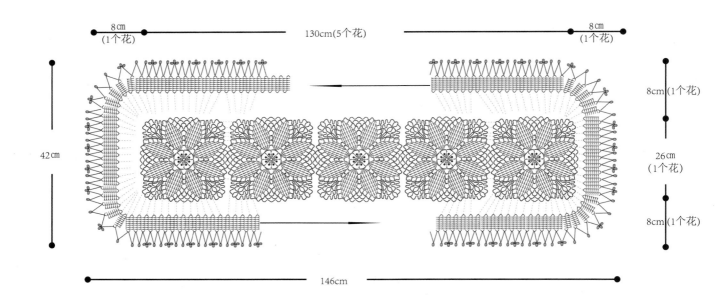

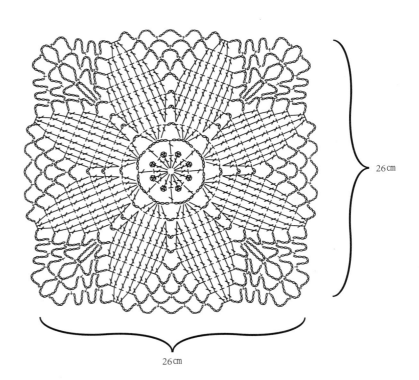

编织材料：中细棉线 白色143 g
编织工具：6/0（2.5mm）钩针
编织密度：26cm×26cm/1个花
成品尺寸：长146cm、宽42cm
编织方法：此款围巾编织的难点是花样。首先
编织单元花并将其一一连接。
接着编织缘边花样并将其与主花样一一连接。

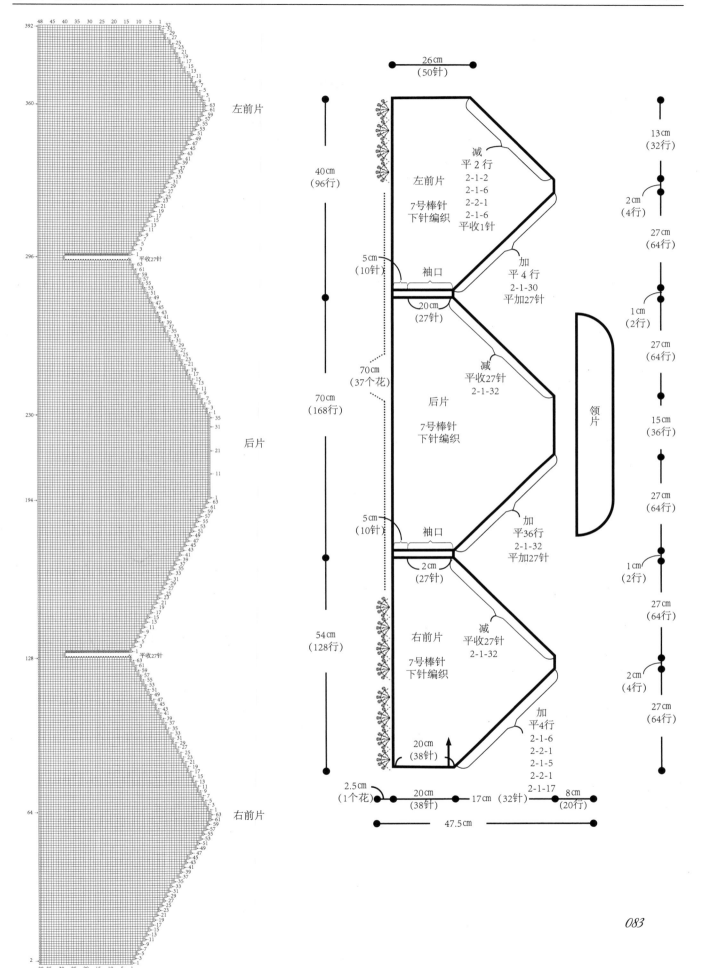

左前片

后片

右前片

26cm
（50针）

减
平2行
2-1-2
2-1-6
2-2-1
2-1-6
平收1针

左前片
7号棒针
下针编织

5cm
（10针）

袖口

加
平4行
2-1-30
平加27针

20cm
（27针）

40cm
（96行）

70cm
（37个花）

70cm
（168行）

减
平收27针
2-1-32

后片
7号棒针
下针编织

领片

5cm
（10针）

袖口

加
平36行
2-1-32
平加27针

2cm
（27针）

54cm
（128行）

右前片
7号棒针
下针编织

减
平收27针
2-1-32

加
平4行
2-1-6
2-2-1
2-1-5
2-2-1
2-1-17

20cm
（38针）

2.5cm
（1个花）

20cm
（38针）

17cm　（32针）

8cm
（20行）

47.5cm

13cm
（32行）

2cm
（4行）

27cm
（64行）

1cm
（2行）

27cm
（64行）

15cm
（36行）

27cm
（64行）

1cm
（2行）

27cm
（64行）

2cm
（4行）

27cm
（64行）

平收27针

平收27针

编织材料：中粗羊驼毛线　黑色450ｇ、红色和绿色少量
编织工具：7号（4.5mm）、8号（4.0mm）棒针，8/0（3.25mm）钩针
编织密度：19针×24行/10cm×10cm
成品尺寸：长47.5cm、下摆宽70cm、袖口宽20cm
编织方法：此款披肩编织的难点是身片的编织。首先按编织图向上编织，注意加、减针的规律及袖口留针的位置。接着编织领口及下摆缘边花样，再接着编织袖口缘边。跟着编织领片，再跟着用钩针(或缝针)把装饰边花样在衣服上钩好。最后将装饰物固定好。

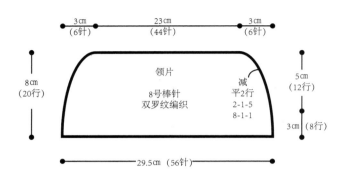

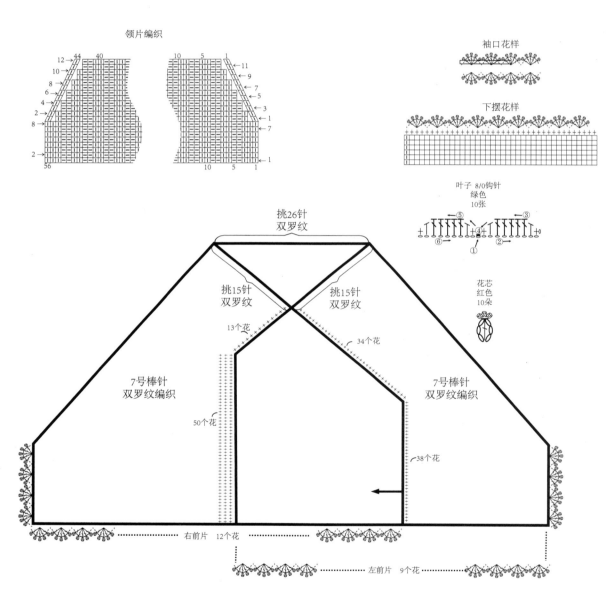

领片编织

袖口花样

下摆花样

叶子 8/0钩针
绿色
10张

花芯
红色
10朵

花样编织

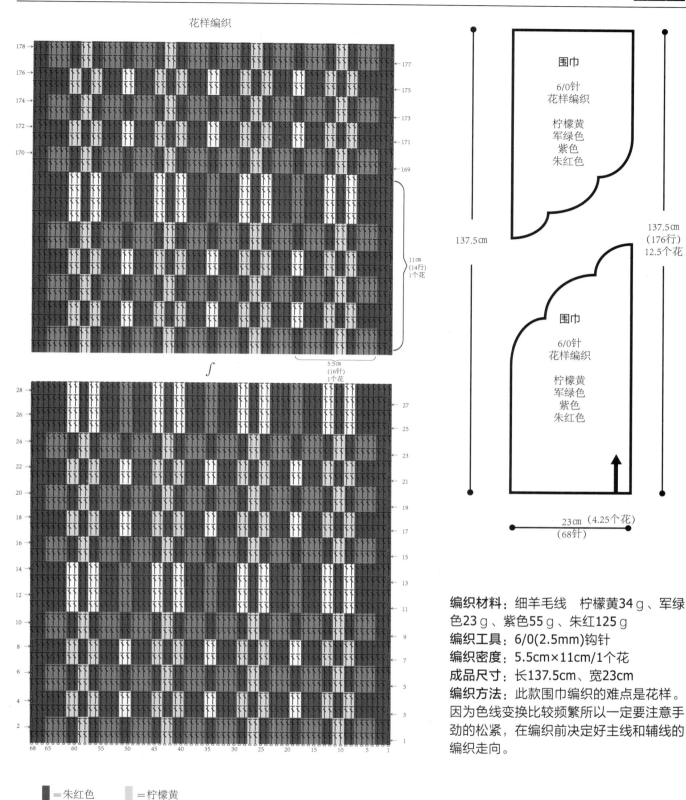

编织材料：细羊毛线 柠檬黄34 g、军绿色23 g、紫色55 g、朱红125 g
编织工具：6/0(2.5mm)钩针
编织密度：5.5cm×11cm/1个花
成品尺寸：长137.5cm、宽23cm
编织方法：此款围巾编织的难点是花样。因为色线变换比较频繁所以一定要注意手劲的松紧，在编织前决定好主线和辅线的编织走向。

■ =朱红色　　　□ =柠檬黄

■ =紫色　　　□ =军绿色

花样编织

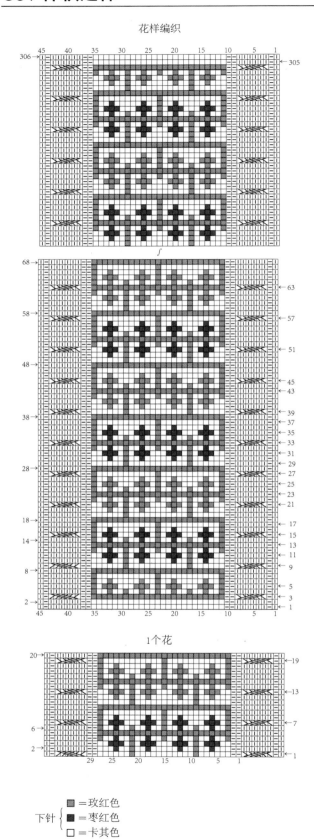

1个花

下针 {
■=玫红色
■=枣红色
□=卡其色
}

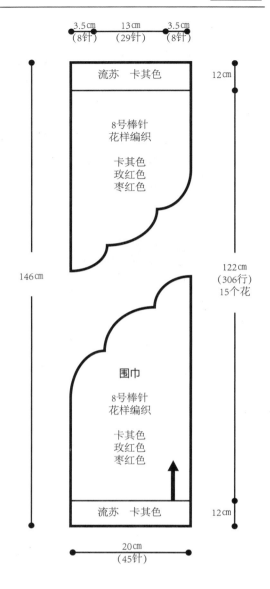

编织材料： 粗羊毛线　卡其色175g、玫红色71g、枣红色14g

编织工具： 8号（4.0mm）棒针

编织密度： 22针×25行/10cm×10cm

成品尺寸： 长146cm、宽20cm

编织方法： 此款围巾编织的难点是花样，因为色线变换比较频繁，所以一定要注意手劲的松紧及渡线的均匀。编织前要决定好主线和辅线的编织走向。

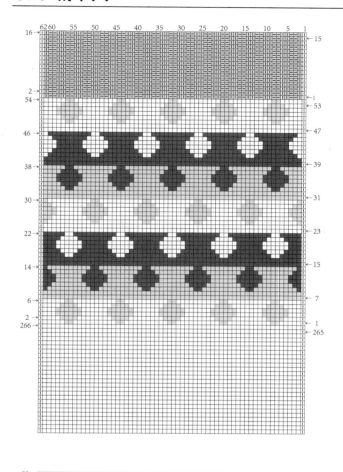

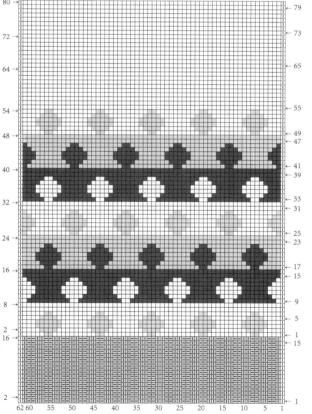

□ = 海蓝色
▨ = 橙色
■ = 军绿色

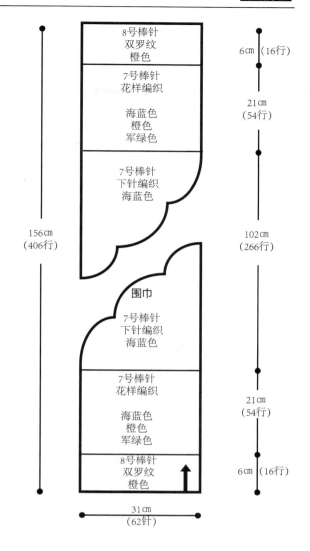

编织材料：粗羊毛线　海蓝色216 g、橙色60 g、军绿色50 g

编织工具：7号(4.5mm)、8号（4.0mm）棒针

编织密度：20针×26行/10cm×10cm

成品尺寸：长156cm、宽31cm

编织方法：此款围巾编织的难点是花样，注意色线变换的规律及手劲的松紧。首先起针编织缘边花样，接着编织主花样。再编织下针，跟着编织主花样。最后编织缘边花样。

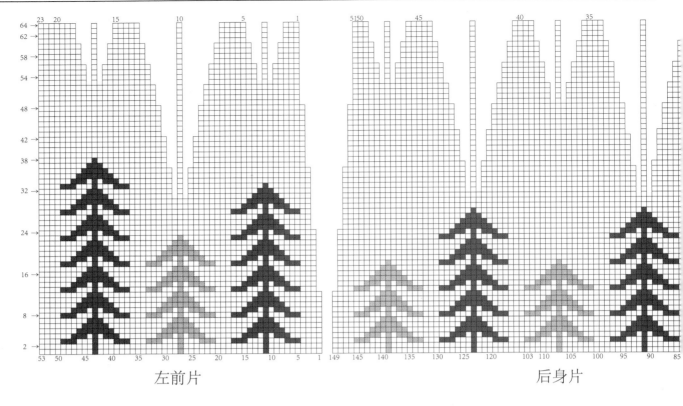

左前片　　　　　　　　　　　　　　　后身片

下针 { ■ =红色
　　 ▦ =浅绿色
　　 □ =深棕色

编织材料：粗羊毛线　浅绿色16 g、红色27 g、深棕色240 g
编织工具：7号（4.5mm）棒针、8号（4.0mm）棒针、9/0(3.5mm)钩针
编织密度：20针×27行/10cm×10cm
成品尺寸：下摆宽74.5cm、领口宽21cm、长32cm
编织方法：此款围巾编织的难点是花样，建议分线分区编织。
首先编织后片及左前、右前片并缝合，缝合时注意花样平坦、无皱。接
着编织左前片、右前片的缘边，再编织领口。跟着钩编领口缘边。最后
将装饰物固定好。

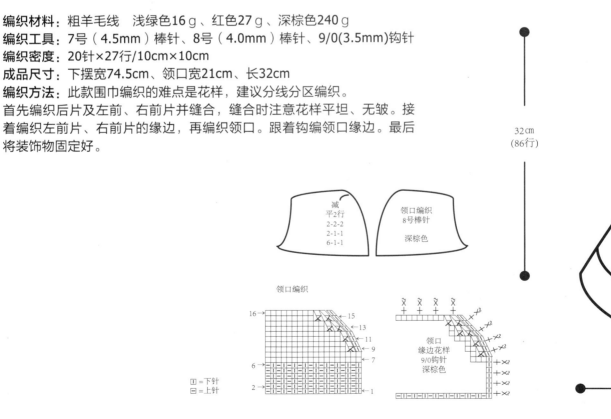

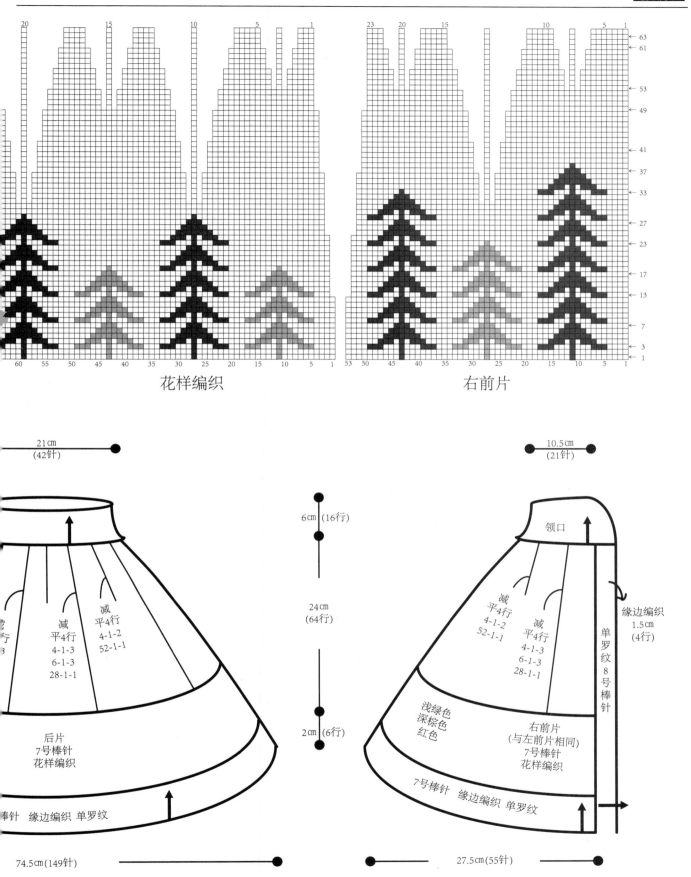

花样编织

右前片

21cm
(42针)

10.5cm
(21针)

6cm (16行)

领口

24cm
(64行)

减
平4行
4-1-2
52-1-1

减
平4行
4-1-3
6-1-3
28-1-1

缘边编织
1.5cm
(4行)

单罗纹8号棒针

2cm (6行)

浅绿色
深棕色
红色

右前片
(与左前片相同)
7号棒针
花样编织

后片
7号棒针
花样编织

棒针 缘边编织 单罗纹

7号棒针 缘边编织 单罗纹

74.5cm(149针)

27.5cm(55针)

编织材料：中细羊毛线　蓝色170ɡ、黄色少量、红色少量
编织工具：10号（3.25mm）棒针、11号（3.0mm）棒针
编织密度：26针×32行/10cm×10cm
成品尺寸：下摆宽111cm、长32.5cm、领口宽39cm
编织方法：此款围巾编织的难点是加针，注意加针的规律。首先按编织图将身片编织好，接着把图案绣好（也可以编织）。再编织下摆缘边，跟着编织左、右门襟缘边。最后将装饰物固定好。

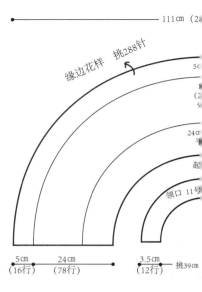

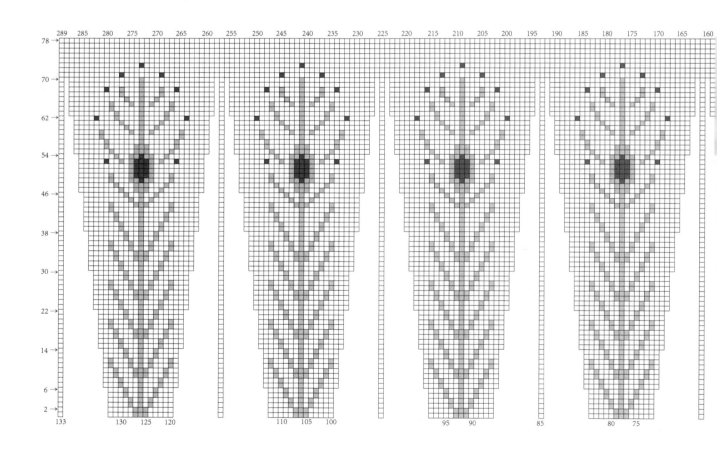

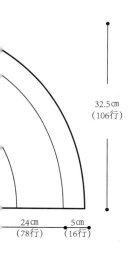

32.5cm
（106行）

24cm
（78行）

5cm
（16行）

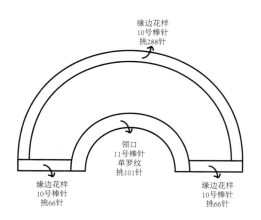

缘边花样
10号棒针
挑288针

领口
11号棒针
单罗纹
挑101针

缘边花样
10号棒针
挑66针

缘边花样
10号棒针
挑66针

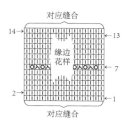

对应缝合

14

13

缘边
花样

7

2

1

对应缝合

花样编织

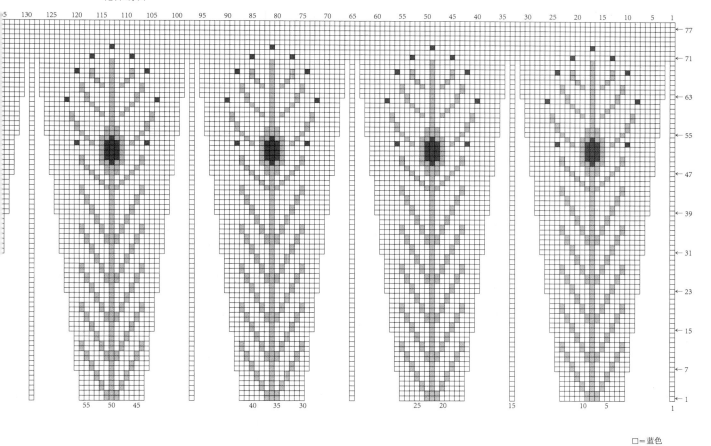

□＝蓝色
▨＝黄色 ｝刺绣
■＝红色

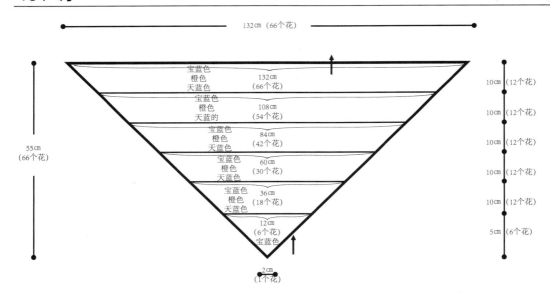

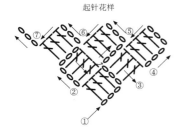

起针花样

编织材料： 中细羊毛线 宝蓝色135ｇ、天蓝色110ｇ、橙色90ｇ
编织工具： 6/0（2.5mm）钩针
成品尺寸： 长55cm、宽132cm（不含流苏）
编织方法： 此款围巾编织的难点是起针花样的编织。首先按照编织图编织花样，特别要注意起针花样的编织方向。接着按照色线变换的规律继续向上编织。最后将装饰物固定好。

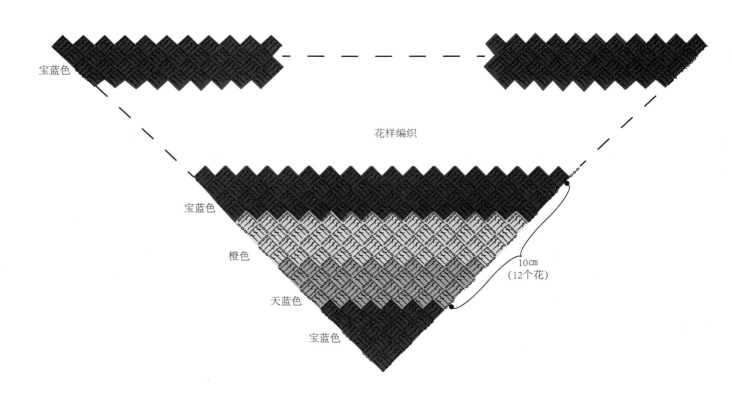

花样编织

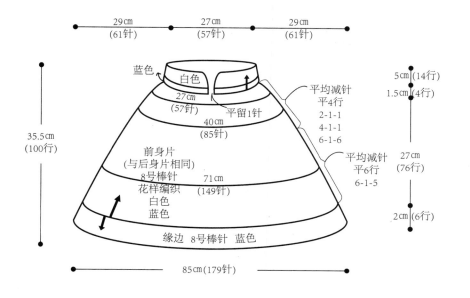

编织材料：中粗羊毛线　蓝色75g、白色300g

编织工具：8号（4.0mm）、9号（3.75mm）棒针，6/0(2.5mm)钩针

编织密度：21针×28行/10cm×10cm

成品尺寸：长35.5cm、下摆宽85cm、领口宽27cm

编织方法：此款披肩编织的难点是花样，建议分线分区块编织。首先分别将前、后片编织好并缝合，缝合时注意花样对齐、平整。接着挑织领口缘边和下摆缘边。跟着编织领口装饰带，最后固定好装饰物。

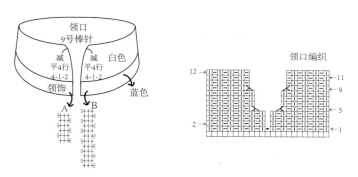

领口编织

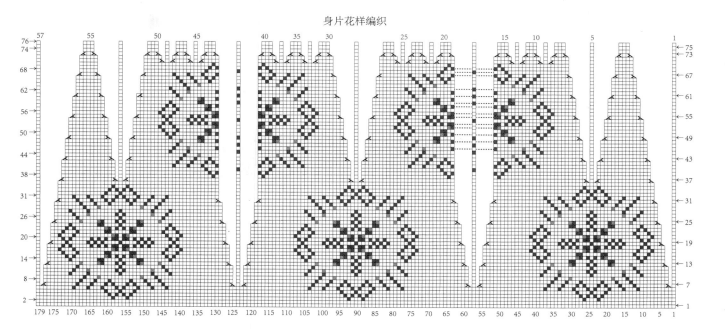

身片花样编织

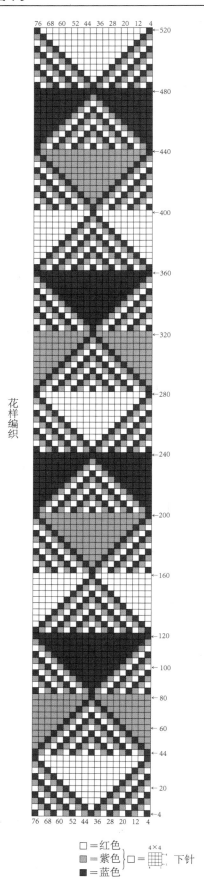

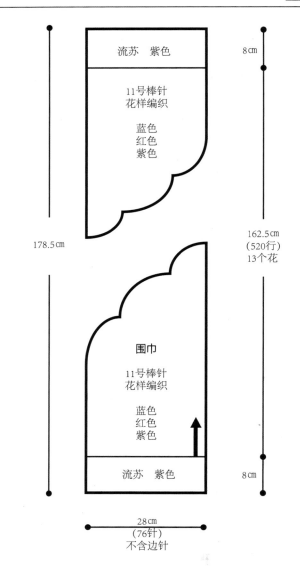

□＝红色
■＝紫色 } □＝ 下针
■＝蓝色

编织材料：中细羊毛线 蓝色70ｇ、红色90ｇ、紫色90ｇ
编织工具：11号（3.0mm）棒针
编织密度：27针×32行/10cm×10cm
成品尺寸：长178.5cm、宽28cm
编织方法：此款围巾编织的难点是花样。编织前先决定好主线和辅线的走向，按照花样变换的规律向上编织至需要长度。最后将装饰物固定好。

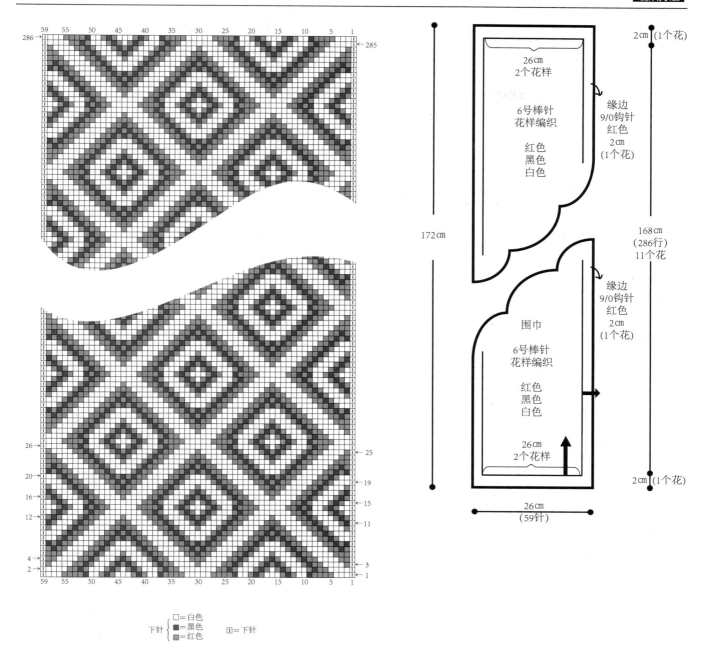

缘边花样

编织材料：中粗羊毛线　白色145ｇ、红色83ｇ、黑色95ｇ
编织工具：6号（5.0mm）棒针、9/0(4mm)钩针
编织密度：23针×17行/10cm×10cm
成品尺寸：长172cm、宽26cm
编织方法：此款围巾编织的难点是花样。先编织主花样至需要长度，然后钩编缘边。

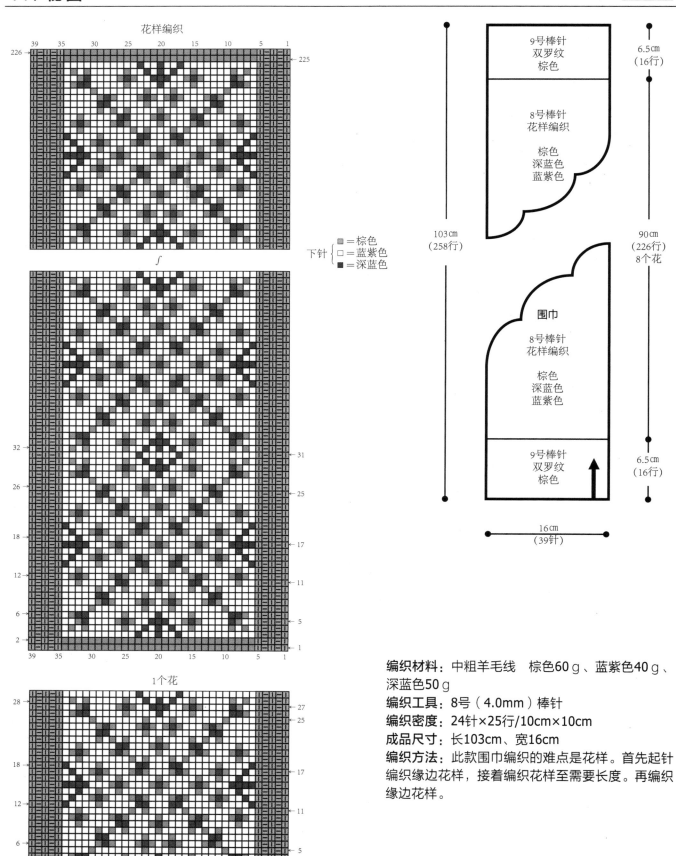

花样编织

∫

1个花

□ =棕色
□ =蓝紫色
■ =深蓝色

下针 {
=棕色
=蓝紫色
=深蓝色
}

9号棒针
双罗纹
棕色

8号棒针
花样编织

棕色
深蓝色
蓝紫色

6.5cm
(16行)

103cm
(258行)

围巾

8号棒针
花样编织

棕色
深蓝色
蓝紫色

90cm
(226行)
8个花

9号棒针
双罗纹
棕色

6.5cm
(16行)

16cm
(39针)

编织材料：中粗羊毛线　棕色60ｇ、蓝紫色40ｇ、深蓝色50ｇ

编织工具：8号（4.0mm）棒针

编织密度：24针×25行/10cm×10cm

成品尺寸：长103cm、宽16cm

编织方法：此款围巾编织的难点是花样。首先起针编织缘边花样，接着编织花样至需要长度。再编织缘边花样。

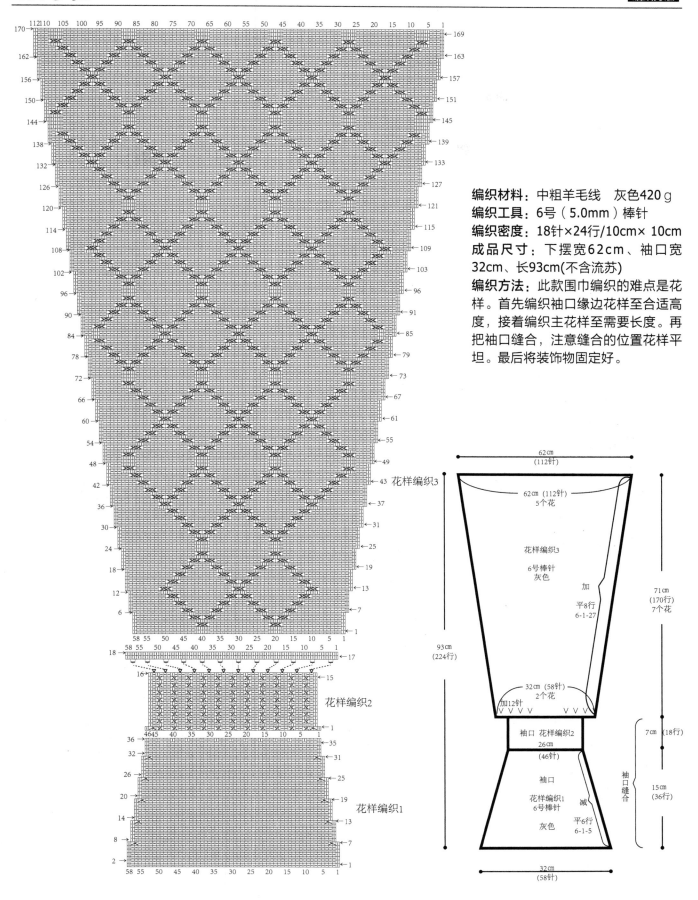

编织材料：中粗羊毛线　灰色420g
编织工具：6号（5.0mm）棒针
编织密度：18针×24行/10cm×10cm
成品尺寸：下摆宽62cm、袖口宽
32cm、长93cm(不含流苏)
编织方法：此款围巾编织的难点是花
样。首先编织袖口缘边花样至合适高
度，接着编织主花样至需要长度。再
把袖口缝合，注意缝合的位置花样平
坦。最后将装饰物固定好。

花样编织3

花样编织2

花样编织1

花样编织

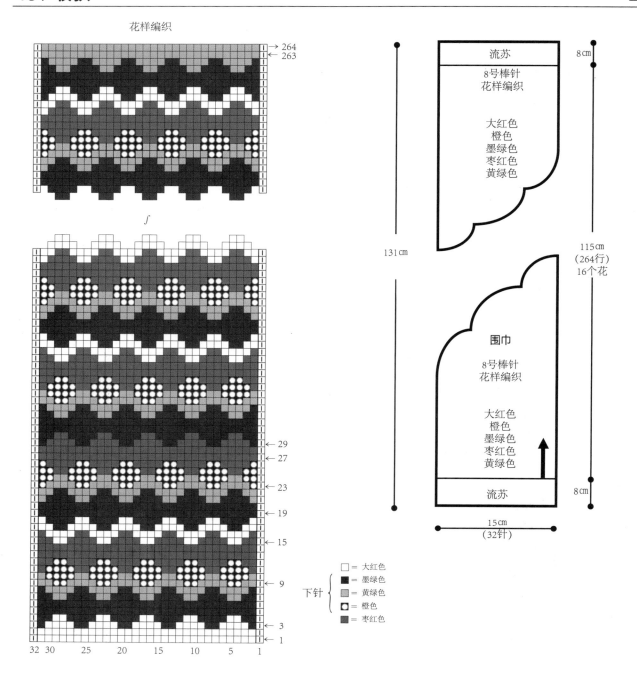

→ 264
← 263

∫

← 29
← 27
← 23
← 19
← 15
← 9
← 3
← 1

下针 {
□ = 大红色
■ = 墨绿色
▨ = 黄绿色
▣ = 橙色
▦ = 枣红色
}

32 30   25   20   15   10   5   1

流苏

8号棒针
花样编织

大红色
橙色
墨绿色
枣红色
黄绿色

131cm

8cm

115cm
(264行)
16个花

围巾

8号棒针
花样编织

大红色
橙色
墨绿色
枣红色
黄绿色

流苏

8cm

15cm
(32针)

1个花

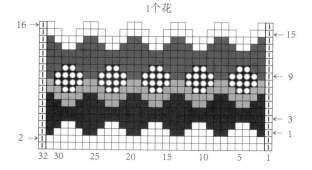

16 →
← 15
← 9
← 3
← 1
2 →

32 30   25   20   15   10   5   1

编织材料：中粗羊毛线　大红色27ｇ、枣红色38ｇ、橙色23ｇ、黄绿色29ｇ、墨绿色35ｇ

编织工具：8号(4.0mm)棒针

编织密度：21针×23行/10cm×10cm

成品尺寸：长131cm、宽15cm

编织方法：此款围巾编织的难点是花样。首先起好针数，接着按照花样向上编织至需要长度，编织时注意手劲的松紧及渡线的均匀。最后将装饰物固定好。

花样编织

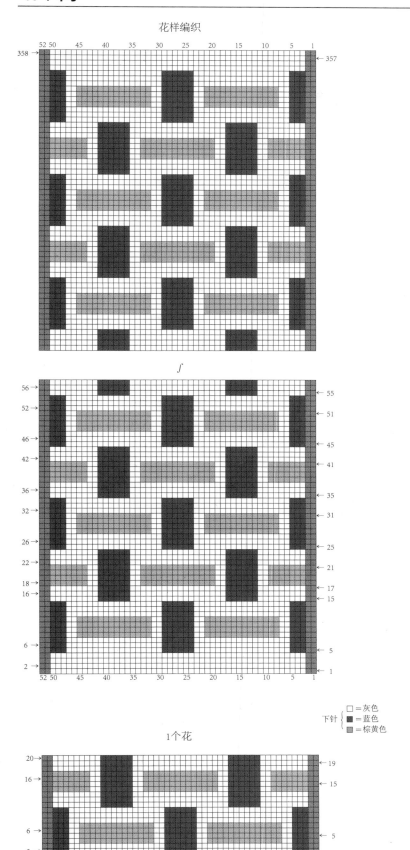

∫

1个花

下针 {
□ = 灰色
■ = 蓝色
▨ = 棕黄色

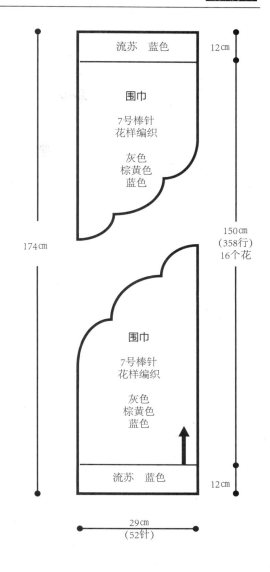

流苏 蓝色

12cm

围巾

7号棒针
花样编织

灰色
棕黄色
蓝色

174cm

150cm
（358行）
16个花

围巾

7号棒针
花样编织

灰色
棕黄色
蓝色

流苏 蓝色

12cm

29cm
（52针）

编织材料： 中粗羊毛线　灰色150 g、棕黄色75 g、蓝色80 g
编织工具： 7号(4.5mm)棒针
编织密度： 18针×24行/10cm×10cm
成品尺寸： 长174cm、宽29cm
编织方法： 此款围巾编织的难点是花样，建议分线分区编织。首先在编织前先决定好色线的横向与纵向的编织，接着起针编织花样至需要长度。最后将装饰物固定好。

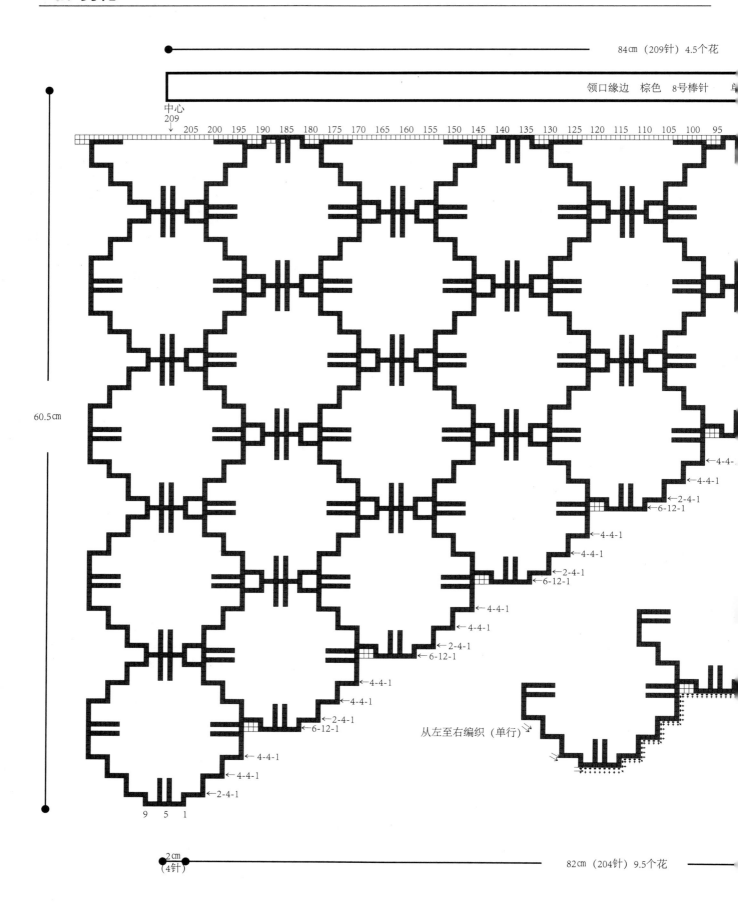

84cm（209针）4.5个花

领口缘边　棕色　8号棒针

中心
209

205 200 195 190 185 180 175 170 165 160 155 150 145 140 135 130 125 120 115 110 105 100 95

60.5cm

←4-4-1
←4-4-1
←2-4-1
←6-12-1

←4-4-1
←4-4-1
←2-4-1
←6-12-1

←4-4-1
←4-4-1
←2-4-1
←6-12-1

←4-4-1
←4-4-1
←2-4-1
←6-12-1

从左至右编织（单行）

←4-4-1
←4-4-1
←2-4-1

9　5　1

2cm
(4针)

82cm（204针）9.5个花

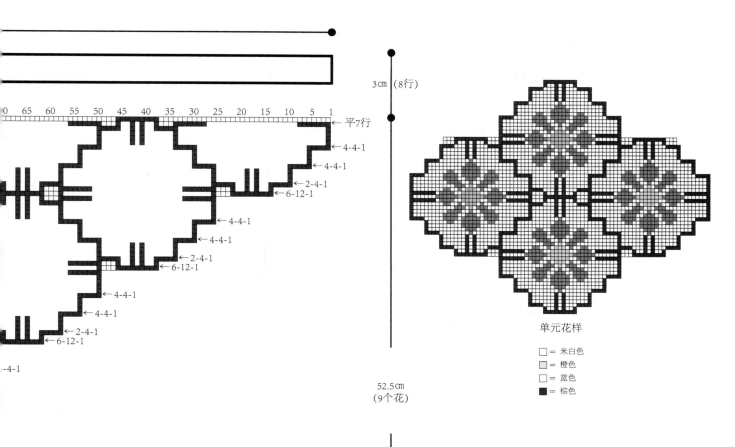

3cm (8行)

0 65 60 55 50 45 40 35 30 25 20 15 10 5 1

← 平7行

← 4-4-1

← 4-4-1

← 2-4-1

← 6-12-1

← 4-4-1

← 4-4-1

← 2-4-1

← 6-12-1

← 4-4-1

← 4-4-1

← 2-4-1

← 6-12-1

4-4-1

52.5cm
(9个花)

单元花样

□ = 米白色
▨ = 橙色
□ = 蓝色
■ = 棕色

缘花样

棕色
9/0钩针
1cm
(2个花)

编织材料：中粗羊毛线　米白色214 g 、橙色
50 g 、蓝色100 g 、棕色60 g

编织工具：8号(4.0mm)棒针，9/0钩针

编织密度：25针×27行/10cm×10cm

成品尺寸：长60.5cm、宽168cm

编织方法：此款围巾编织的难点是左右加针
和编织花样。编织前先决定好主线和辅线的
纵横走向，接着起针编织第一个花样。再按
编织图继续往上编织至所需要的宽度。跟着
编织领边，最后编织缘边。

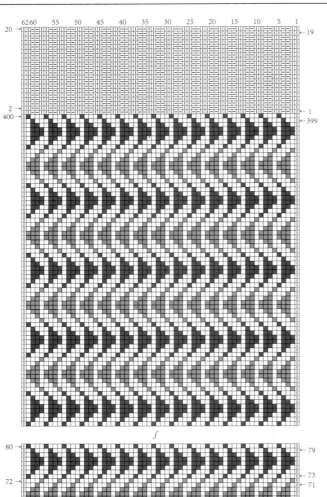

花样编织

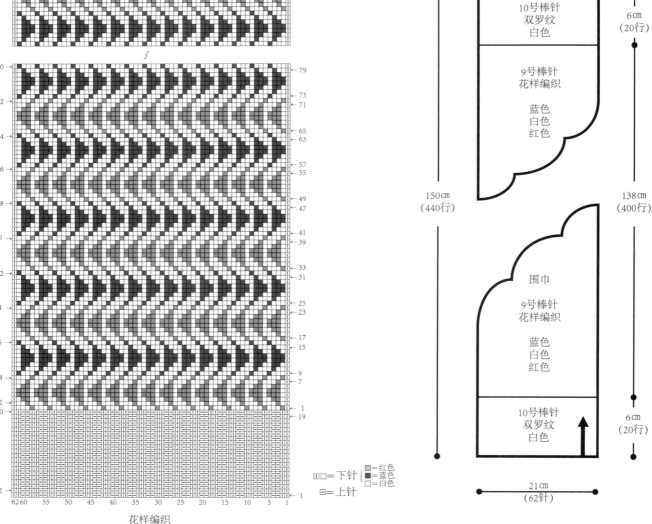

编织材料：中细羊毛线 红色50g、蓝色50g、白色140g

编织工具：9号(3.75mm)、10号(3.25mm)棒针

编织密度：30针×29行/10cm×10cm

成品尺寸：长150cm、宽21cm

编织方法：此款围巾编织的难点是花样。首先用10号棒针编织缘边花样至需要高度，接着编织主花样至需要高度。再换9号棒针编织缘边花样至需要高度。

□□=下针 ｛ ▨=红色 ■=蓝色 □=白色

⊟=上针

8号棒针
花样编织

灰色
黑色
棕色

围巾

8号棒针
花样编织

灰色
黑色
棕色

159cm
（398行）

24cm
（56针）

编织材料：中粗羊毛线　灰色245 g、黑色120 g、棕色42 g
编织工具：8号(4.0mm)棒针
编织密度：23针×25行/10cm×10cm
成品尺寸：长159cm、宽24cm（不含小球）
编织方法：此款围巾编织的难点是花样。编织前要决定好主线与辅线的纵横走向。接着按花样、色线变换的规律编织。再将围巾对折缝合，跟着分别将两端的开口合拢。最后将装饰物固定好。

花样编织

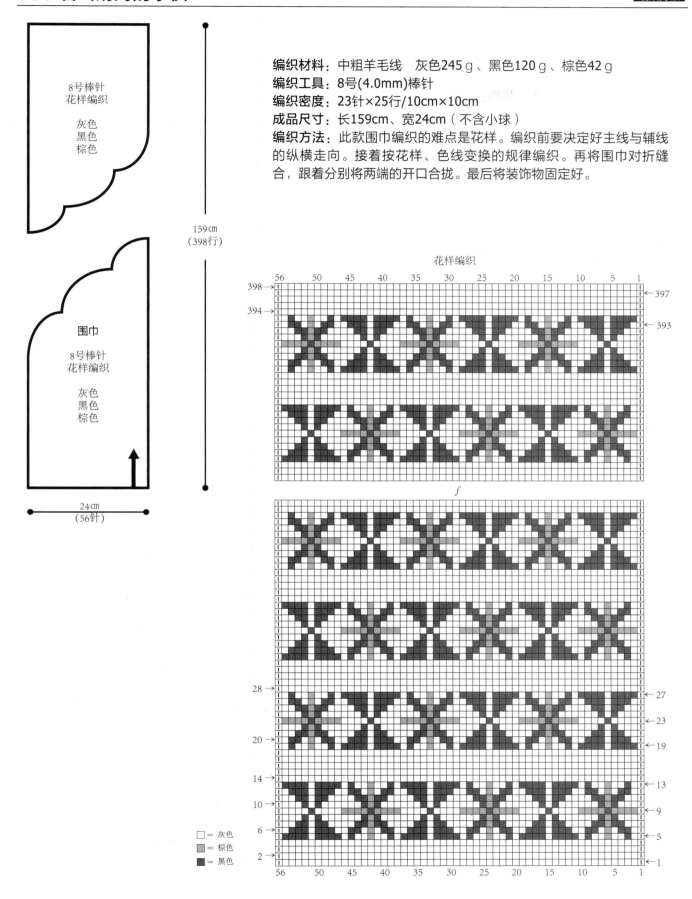

□ = 灰色
▨ = 棕色
■ = 黑色

图书在版编目（CIP）数据

好温暖的纯手工长围巾 / 李意芳著.—北京：中国纺织
出版社，2016.10

ISBN 978-7-5180-2372-1

Ⅰ.①好… Ⅱ.①李… Ⅲ.①围巾—绒线—编织—图
集 Ⅳ.①TS941.763.8-64

中国版本图书馆CIP数据核字（2016）第034871号

策划编辑：阮慧宁　　　责任编辑：刘　茸
责任印制：储志伟　　　装帧设计：观止工作室

中国纺织出版社出版发行

地址：北京市朝阳区百子湾东里A407号楼　邮政编码：100124

销售电话：010—67004422　传真：010—87155801

http://www.c-textilep.com

E-mail: faxing@c-textilep.Com

中国纺织出版社天猫旗舰店

官方微博http://weibo.com/2119887771

北京华联印刷有限公司印刷　各地新华书店经销

2016年10月第1版第1次印刷

开本：889×1194　1/16　印张：6.5

字数：99千字　定价：34.80元